大数据技术系列丛书

# 算法设计实例教程

主　编　雷小宇

副主编　张赛男

参　编　胡　琨　蒋园园　郑　雨

西安电子科技大学出版社

## 内容简介

本书是一本深入浅出，通俗易懂，原理性、趣味性和实用性相结合的算法设计教材。本书在介绍常见数据结构基本知识的基础上，着重从“易读、易学、易用”和培养“问题解决能力”两方面对常见算法进行了有效组织与阐述。

本书是衔接本科生“算法与数据结构”与研究生“算法分析与设计”两门课程的、面向高年级本科生的算法设计教材。本书内容设计合理，既包括常见的算法介绍，又包括流算法、图算法等流行算法的介绍；讲解清晰、透彻，能够帮助初学者建立信心，快速入手。本书采用“问题导引”的方式依次介绍数据结构基础知识，分治、枚举、贪心、递归等基础算法，排序、查找、字符串匹配、图论、动态规划等常见算法，计算几何基础以及流算法、图算法等高级算法。

本书适合作为高等院校各专业本科生的算法设计教材，也可以作为广大计算机爱好者及各类自学人员的参考资料。

**图书在版编目(CIP)数据**

算法设计实例教程 / 雷小宇主编. -- 西安：西安电子科技大学出版社，2023.6
ISBN 978-7-5606-6874-1

Ⅰ. ①算… Ⅱ. ①雷… Ⅲ. ①算法设计—高等学校—教材 Ⅳ. ①TP301.6

中国国家版本馆 CIP 数据核字(2023)第 066833 号

策　　划　戚文艳　李鹏飞
责任编辑　李鹏飞
出版发行　西安电子科技大学出版社(西安市太白南路 2 号)
电　　话　(029)88202421　88201467　　邮　　编　710071
网　　址　www.xduph.com　　电子邮箱　xdupfxb001@163.com
经　　销　新华书店
印刷单位　陕西天意印务有限责任公司
版　　次　2023 年 6 月第 1 版　2023 年 6 月第 1 次印刷
开　　本　787 毫米×1092 毫米　1/16　印　张　11.25
字　　数　262 千字
印　　数　1～2000 册
定　　价　32.00 元
ISBN 978 - 7 - 5606 - 6874 - 1 / TP
**XDUP 7176001-1**

# 前　言

近年来，随着 ACM 国际大学生程序设计竞赛(ACM ICPC)在国内深入推广和中国大学生程序设计竞赛(CCPC)以及蓝桥杯程序设计竞赛的兴起，参加程序设计竞赛的学生越来越多。程序设计竞赛主要考察大学生分析问题和运用计算机解决实际问题的综合能力，而算法设计是程序设计中的重要环节，算法实现能力对于参加程序设计竞赛的同学来说尤为重要。尤其是 ACM ICPC 对大学生的算法设计能力要求更高，更强调算法在有限存储空间下运行的高效性。该竞赛涉及的知识也相当广泛，包括程序设计、数据结构、离散数学、算法分析与设计、数论、图论、操作系统、概率论、计算几何等。

中国人民解放军陆军工程大学从 2012 年正式参加程序设计竞赛并开展了正式集中训练，2013 年夏天在南京理工大学余立功老师的帮助下搭建了学校的 OnlineJudge 实践平台，从此程序设计课程和竞赛的实践教学都依托此平台开展，吸引了大批热衷于程序设计和算法竞赛的同学。学校程序设计竞赛团队的整体水平逐年提高，多次在 ACM ICPC 区域赛中摘得奖牌。本书以历年培训内容和 OnlineJudge 实践平台资源为基础，精选数据结构基础，分治、递归、枚举、贪心等基础算法，排序、查找、字符串匹配和高精度运算、图论、动态规划等常见算法，计算几何基础以及流算法、图算法、信息匹配等高级算法等内容，精心剖析各知识点，通过大量实例讲解常见问题的解决方案和算法设计方法。在编写过程中，力求将复杂的知识通过浅显易懂的语言来表述，从而提高读者的阅读兴趣。

本书通过对实例的分析和对数据结构、算法的讨论，着重培养学生解决问题的思维方式、解决问题的能力以及面对问题时的应变能力。

本书由雷小宇主编，第 1 章由郑雨编写，第 2 章和第 4 章由蒋园园编写，第 3 章、第 8 章和第 5.2 节由雷小宇编写，第 5.1 节和第 6 章由张赛男编写，第 7 章和第 9 章由胡琨编写。雷小宇对整个书稿进行了校对。书中的所有案例和代码由胡哲、孙毅、徐有为、王楠、李明倩和杨义鑫等同学调试通过，在此对他们的辛勤付出表示衷心的感谢。在本书编写过程中还得到了许多国内前辈、同行及 CSDN 论坛许多版主的指导，因篇幅有限不一一列出，一并表示诚挚的谢意！

在此，衷心感谢所有为此书出版做出贡献的人！

因编者水平有限，书中疏漏之处在所难免，欢迎读者提出意见和建议，以便我们及时更正。

编　者

2023 年 2 月

# 目　　录

# 第 1 章　数据结构基础

数据结构是每一位计算机相关专业的学生都应该掌握的重要知识。数据结构是指存在一种或者多种关系的数据元素的集合以及该集合中数据元素之间的关系。

本章将介绍几种常见的数据结构，包括数组、链表、堆栈、队列、树、图和散列表。掌握这些数据结构可以帮助程序设计者提高软件系统的执行效率和数据存储效率，并在今后的学习和工作中发挥更大作用。在学习算法之前，程序设计者需要掌握基本数据结构及其常用的操作。

## 1.1　常见的数据结构

### 1.1.1　数组

数组是一个由若干同类型变量组成的集合，在使用时只要满足这个条件都可以看作数组的使用案例。

数组(Array)是具有相同类型的数据元素的有序集合。数组中的每一个数据元素通常称为数组元素。数组元素通常用下标识别，下标的个数取决于数组的维数。数组是可以在内存中连续存储多个元素的结构，在内存中的分配也是连续的。常用数组类型为一维数组和二维数组。

一维数组通常可表示为如下形式：

$$(a_0, a_1, a_2,\dots, a_{n-1})$$

该数组具有 $n$ 个元素，由于它的每个元素只有一个下标，因此称它是一维数组。

对于二维数组，可以将其转化为一维数组来考虑，即将二维数组看作是元素为一维数组的一维数组。通常，二维数组可表示为如下形式：

$$\begin{bmatrix} a_{00} & a_{01} & a_{02} & \cdots & a_{0,n-1} \\ a_{10} & a_{11} & a_{12} & \cdots & a_{1,n-1} \\ \vdots & \vdots & \vdots & & \vdots \\ a_{m-1,0} & a_{m-1,1} & a_{m-1,2} & \cdots & a_{m-1,n-1} \end{bmatrix}$$

二维数组以 $m$ 行 $n$ 列的矩阵形式表示。

### 1. 数组的定义

一维数组定义的一般形式为：

类型符 数组名[常量表达式]

具体举例如下：

```
int a[15]            //定义了一个有 15 个整型元素的数组 a
```

二维数组定义的一般形式为：

类型符 数组名[常量表达式] [常量表达式]

具体举例如下：

```
float b[3][5]        //定义了一个浮点型的二维数组 b，它是一个 3×5(3 行 5 列)的数组
```

### 2. 数组的引用

引用一维数组的形式为：

数组名[下标]

具体举例如下：

```
int a[15]
k = a[10]            //引用数组 a 中序号为 10 的元素，并将值赋给 k
```

引用二维数组的形式为：

数组名[下标][下标]

具体举例如下：

```
int c[3][5]
c[2][4] = 20         //引用数组 c 中第 2 行第 4 列的元素，并为该元素赋值为 20
```

### 3. 数组的初始化

#### 1) 直接赋初值

在使用数组时，如果程序中涉及的数据简单，程序员往往会通过直接给数组赋初值的方式进行初始化。直接赋初值进行初始化一般有以下几种方式：

```
int a[5] = {0, 1, 2, 3, 4}                 //对一维数组元素赋初值
int b[10] = {0, 1, 2, 3, 4}                //只给数组中一部分元素赋初值，其他元素为 0
int c[] = {0, 1, 2, 3, 4}                  //初始化一个有 5 个元素的数组 c
int d[2][3] = {{1, 2, 3}, {0, 1, 2}}       //分行给二维数组赋初值
int e[2][3] = {{1}, {0}}                   //给各行的第一列元素赋初值，其余元素自动为 0
int f[][3] = {1, 2, 3, 0, 1, 2}            //初始化一个 2 行 3 列的数组 f
```

#### 2) 循环方法

在使用数组时，如果程序中涉及的数据量大且复杂，程序员通常会使用 for 循环进行初始化。具体方法如下：

```
int a[5];
for (int i = 0; i <5; i++)
{
    a[i] = i;
}                                //初始化数组 a，与 int a[5] = {0, 1, 2, 3, 4}效果相同
```

3) memset 函数方法

在使用数组时，为了优化代码结构和提高效率，程序员通常会使用 memset 函数进行初始化。memset 包含在头文件 string.h 中，函数原型为

memset(void *s, int ch, size_t n)

函数功能：将 s 所指向的某一块内存中的后 n 个字节的内容全部设置为 ch 指定的 ASCII 值，第一个参数为指定的内存地址，第三个参数为指定块的大小，这个函数通常为新申请的内存进行初始化，其返回值为 s。

具体用法如下：

```
int a[5];
memset(a, 0, sizeof(int) * 5);          //初始化数组 a[5]，将所有元素都赋值为 0
```

### 4. 数组的销毁

1) 循环方法

同初始化数组一样，利用 for 循环来清空数组，完成数组的销毁，具体实例如下：

```
char a[ ] = "aaaaaaaa";                  //定义字符数组
for (unsigned int i = 0; i < strlen(a); i++)
{
    a[i] = '\0' ;                        //for 循环清空数组
}
```

2) memset 函数方法

在数组的初始化中，已经介绍了 memset 函数的用法，利用 memset 函数销毁数组的具体实例如下：

```
char a[ ]="aaaaaaaa";                    //定义字符数组
memset(a, 0, sizeof a);                  //清空数组
```

由于数组有下标作为索引这一特点，使得它具有按照索引查询元素速度快、按照索引遍历数组方便等优点；但根据数组定义和引用方式，使得它也有着容量固定后就无法扩容、只能存储一种类型的数据、添加和删除操作慢等缺点。所以程序员往往在需要频繁查询、对存储空间要求不大且很少需要添加和删除元素的情况下才会使用数组。

## 1.1.2　链表

链表主要包括单链表、单向循环链表和双向链表，是一种无须在内存中按顺序存储即可保持数据之间逻辑关系的数据结构。相比于数组，在链表中可以更高效地执行插入、删除元素等操作。

链表是由一个或多个包含数据域(Data)和指针域(Next)的结点(Node)连接而成的表结构。其中，数据域内存储元素本身的数据信息，指针域内存储下一个结点存储位置信息，单个链表结点如图 1-1 所示。指向链表的第一个结点为头结点，头结点的数据域可以不存储任何信息，也可以存储表长度等附加信息。链表的最后一个结点为尾结点，尾结点的指针域为空(NULL)。常见的链表类型有单链表、单向循环链表和双向链表。

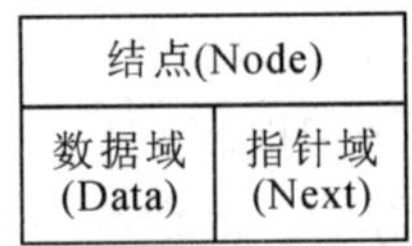

图 1-1　单个链表结点结构

单链表中的每个结点的指针域只指向下一个结点，整个链表是无环的，如图 1-2 所示。

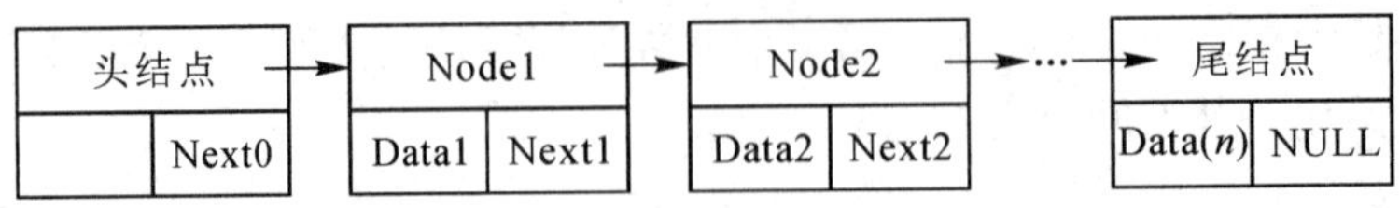

图 1-2　单链表

在单向循环链表中，尾结点的指针域指向头结点，链表中存在环，遍历链表不会有 NULL 出现，如图 1-3 所示。

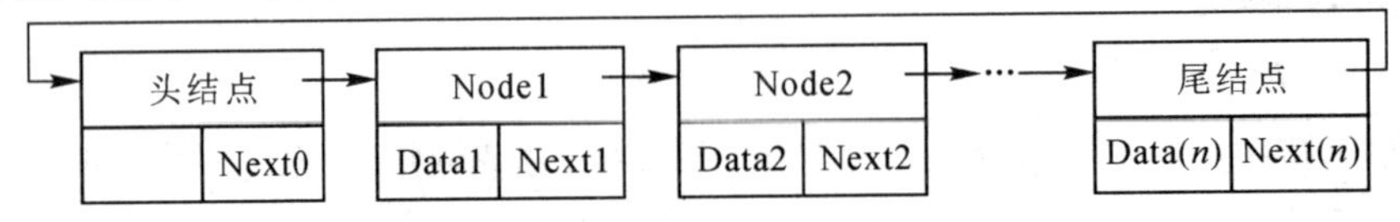

图 1-3　单向循环链表

双向链表中每个结点的指针域分为前向指针(Prior)和后向指针(Next)，前向指针指向该结点的前一个结点，后向指针则指向该结点的后一个结点，如图 1-4 所示。

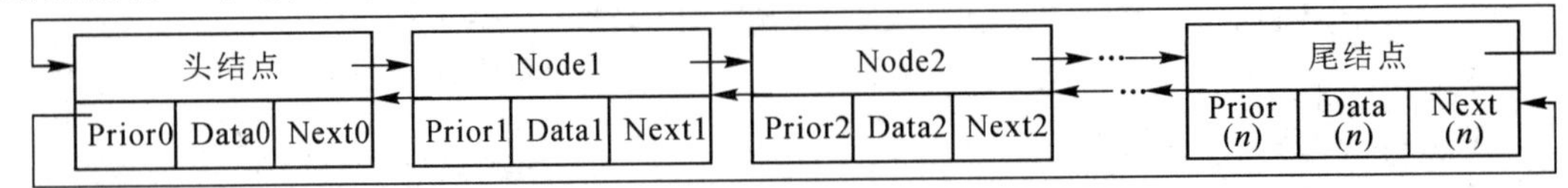

图 1-4　双向链表

### 1. 初始化链表操作

算法思想：在初始状态，链表中没有元素结点，只有一个头结点，因此需要动态产生头结点，并将其后向指针置为空。可以通过调用 C 语言的动态分配库函数 malloc()，向系统申请结点，算法举例如下：

```
int Init_L()
{
    LNode* H;
    if(H = (LNode*)malloc(sizeof(LNode)))          //头结点
        {H->next = NULL; return 1; }               //设置后向指针为空
    else return 0;
}
```

动态分配库函数 malloc()的调用形式为 H=(LNode*)malloc(sizeof(LNode))，H 为申请的头结点，H->next 表示头结点的指针域。

### 2. 取某序号元素的操作

算法思想：在单链表中查找某结点时，需要设置一个指针变量从头结点开始依次数过去，并设置一个变量 $j$，记录所指结点的序号。查找到则返回该指针值，否则返回空指针。具体算法举例如下：

```
Lnode GetElem_L( LNode* H， int i)
{
    p = H->next， j = l;
    while( p&&j<i)
    {
        p = p-> next;
        ++ j;
    }
    if(!p|| j> i) return NULL;
    return p;
}                                    //取到序号为 i 的元素 p
```

### 3. 插入操作

在单链表中插入新结点：首先确定插入新结点的位置，然后只需修改相应结点的指针，而无须移动表中的其他结点。以下讨论在第 $i$ 个位置插入一个新结点。

算法思想：

(1) 从头结点开始向后查找，找到第 $i-1$ 个结点(若存在第 $i-1$ 个结点，继续步骤(2)，否则结束)。

(2) 动态申请一个新结点 $s$，给 $s$ 结点的数据域赋值。

(3) 将新结点插入。

具体算法举例如下：

```
int ListInsert_L (LNode * H, int i, ElemType x)
{
    p = H, j=0;
    while(p&&j<i -l ){p = p->next; ++ j; }
    if(! p || j> i-1 ) retum 0;
    s = ( LNode*)malloc(sizeof( LNode) ) ;
    s->data= x; s->next= p->next;
    p->next= s;
    return 1;
}                                    //在第 i 个位置插入新结点
```

### 4. 删除操作

从链表中删除一个结点：首先找到被删结点的前驱结点；然后修改该结点的指针域，并释放被删结点的存储空间。从链表中删除一个不需要的结点 p 时，要把结点 p 归还给系统，用库函数 free(p)实现。以下讨论删除单链表中的第 $i$ ($i > 0$)个元素。

算法思想：

(1) 设置一个指针 p，p 从第 1 个结点开始向后移动，当 p 移动到第 $i-1$ 个结点时，另设一个指针 q，并指向 p 的后继结点。

(2) 使 p 的后向指针指向 q 的后向指针，即可完成删除操作。

具体算法举例如下：

```
int ListDelete_L(LNode* H, int i, ElemType &e)
{
    p = H, j=0;
    while(p&&j<i -l){p= p->next; ++j; }
    if(!p->next||j>i-1) return 0;
    q = p->next; p->next = q->next;
    e = q->data; free(q);                //用函数 free(p)把结点 p 还给系统
    return1;
}                                        // 删除操作完成
```

数组在使用时，需要占用整块且连续的内存空间，因此在最初声明时就要注意数组占用内存不能超过原有内存，一旦超过原有内存则需要扩容。在扩容时需要重新申请整块且连续的内存空间，并且要把原数组的数据全部拷贝到重新申请的内存空间。

而链表在使用时不需要声明容量，在添加或者删除元素时只需要改变前后两个元素结点的指针域指向地址，就可以实现快速增减元素。但是，由于链表需要存储结点指针信息，每次查找元素都需要遍历链表，有着消耗时间和占用内存空间等缺点。针对链表的特点，在程序设计中，链表经常用于最近最少使用算法(Least Recently Used, LRU)等占用数据量少且需要频繁增删数据操作的场景。

### 1.1.3 堆栈和队列

堆栈和队列都是限定在端点处进行插入和删除的表结构，是两种特殊且重要的数据结构。

#### 1. 堆栈

堆栈(Stack)又称栈，是限定仅在某一端进行插入和删除的特殊表结构。允许进行插入和删除的一端称为栈顶(Top)，另一端则称为栈底(Bottom)，处于栈顶位置的元素称为栈顶元素，处于栈底位置的元素称为栈底元素。不含任何元素的栈称为空栈。将元素插入栈顶的操作叫作进栈，将栈顶元素删除的操作叫作出栈。图 1-5 描述了堆栈的结构，元素出栈如图 1-6 所示，元素进栈如图 1-7 所示。

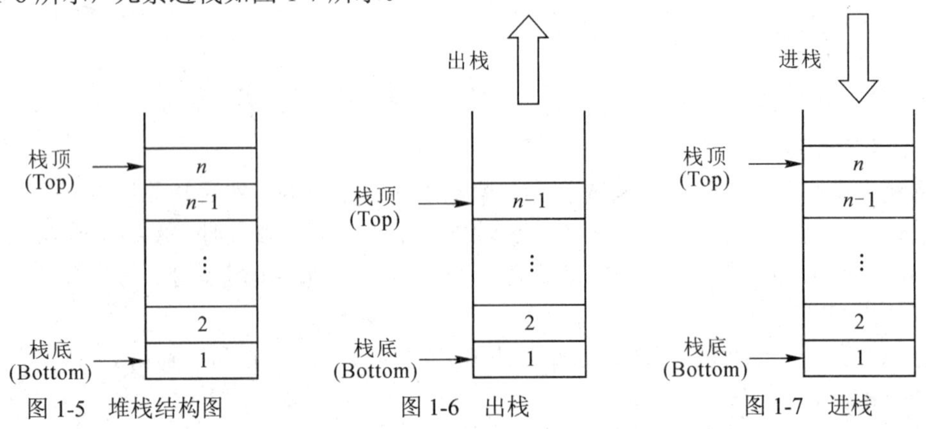


图 1-5 堆栈结构图　　图 1-6 出栈　　图 1-7 进栈

堆栈的基本操作除了进栈、出栈外，还有初始化栈、判栈空、取栈顶元素、判栈满等。

(1) 初始化栈：InitStack(S)。

初始条件：栈 S 不存在。

操作结果：构造一个空栈 S。

(2) 进栈：Push(S, X)。

初始条件：栈 S 已存在且非满。

操作结果：若栈 S 不满，则将元素 X 插入 S 的栈顶。

(3) 出栈：Pop(S)。

初始条件：栈 S 已存在且非空。

操作结果：删除栈 S 中的栈顶元素，也称为“退栈”“删除”或出“出弹”。

(4) 取栈顶元素：GetTop(S)。

初始条件：栈 S 已存在且非空。

操作结果：输出栈顶元素，但栈中元素不变。

(5) 判栈空：Empty(S)。

初始条件：栈 S 已存在。

操作结果：判断栈 S 是否为空，若为空，返回值为 1，否则返回值为 0。

(6) 判栈满：StackFull(S)。

初始条件：栈 S 已存在。

操作结果：若 S 为满栈，则返回 1，否则返回 0。

**注意**：该运算只适用于栈的顺序存储结构。

适用场景：

栈的结构就像一个集装箱，越先放进去的越晚才能拿出来，所以，栈在程序设计中经常用于实现计算表达式的值、数值转换、函数的调用、递归等功能。以下讨论程序设计中经常会出现的数值转换问题。

**【例 1.1】** 进制转换。

时间限制：1000 ms。

内存限制：65535 KB。

问题描述：将 $M$ 进制的数 $X$ 转换为 $N$ 进制的数输出。

输入说明：输入的第一行包括两个整数：$M$ 和 $N(2\leq M, N\leq 36)$。下面的一行输入一个数 $X$，$X$ 是 $M$ 进制的数，要求将 $M$ 进制的数 $X$ 转换成 $N$ 进制的数输出。

输出说明：输出 $X$ 的 $N$ 进制表示的数。

输入样例：

```
10  2
11
```

输出样例：

```
1011
```

问题分析：按除以 2 取余法，得到的余数依次是 1、1、0、1，则十进制数转化为二进制数为 1011。由于最先得到的余数是转化结果的最低位，最后得到的余数是转化结果的最高位，因此计算过程得到的余数是从低位到高位的，而输出过程则是从高位到低位依次输出。所以，这个问题很适合用栈来解决。

算法思想：

(1) 若 $X != 0$，则将 $X\%N$ 取得的余数压入栈中，执行(2)。

(2) 用 $X$ / B 代替 $X$。

(3) 当 $X>0$，则重复(1)、(2)。

程序代码：

```
void Conversion(int X, int N)          //设 X 是非负的十进制整数，输出等值的 N 进制数
{
    int i;
    SNode S;
    InitStack(S) ;
    while(X)                           //从右向左产生 N 进制的各位数字，并将其进栈
    {
        push(S, X% N) ;
        X = X/N;
    }
    while(!StackEmpty(S))              //栈非空时退栈输出
    {
        i= Pop(S);
        printf (" % d", i);
    }
}
```

2. 队列

队列(Queue)又称为队，是限定仅在一端进行插入操作，在另一端进行删除操作的表结构。允许插入的一端称为队尾(Rear)，允许删除的一端称为队头(Front)。在队尾插入数据元素的操作称为入队，从队头删除数据元素的操作称为出队。这和我们日常生活中的排队现象是一致的，比如火车站排队买票，银行排队办理业务等，都是先来的先办理，晚来的则排在队尾等待。队列的结构如图 1-8 所示。

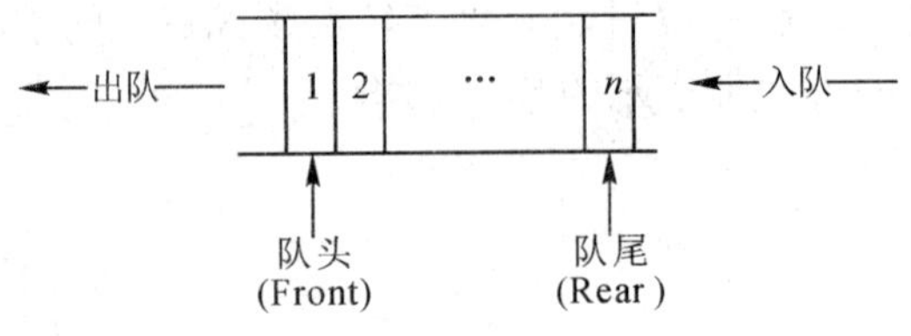


图 1-8　队列结构

队列的基本操作和堆栈类似，除了入队、出队外，还有初始化队、判队空、取队头元素等。

(1) 初始化队：InitQueue(Q)。

初始条件：队列 Q 不存在。

操作结果：置空队列，构造一个空队列 Q。

(2) 判队空：QueueEmpty(Q)。

初始条件：队列 Q 存在。

操作结果：判断队列是否为空，若队列 Q 为空，返回 1，否则返回 0。

(3) 入队：EnQueue(Q, X)。

初始条件：队列 Q 存在且未满。

操作结果：若队列 Q 未满，则将元素 X 插入 Q 的队尾，长度加 1。

(4) 出队：DelQueue(Q)。

初始条件：队列 Q 存在且非空。

操作结果：删去 Q 的队头元素，并返回该元素，长度减 1。此操作简称出队。

(5) 取队头元素：GetFront(Q)。

初始条件：队列 Q 存在且非空。

操作结果：读队头元素，队列 Q 的状态不变。

适用场景：

队列具有先进先出的特点，在程序设计中经常用于操作系统的作业排队管理等问题。以下讨论两个常见的问题。

**【例 1.2】** CPU 资源的竞争问题。

在具有多个终端的计算机系统中，有多个用户需要使用 CPU 运行自己的程序，它们分别通过各自终端向操作系统提出使用 CPU 的请求，操作系统按照每个请求在时间上的先后顺序，将其排成一个队列，每次先把 CPU 分配给队头用户使用，当其相应的程序运行结束后，则令其出队，再把 CPU 分配给新的队头用户，直到所有用户任务处理完毕。

**【例 1.3】** 主机与外部设备之间速度不匹配的问题。

以主机和打印机为例来说明，主机输出数据通过打印机打印，输出数据的速度通常比打印的速度快得多，若直接把输出数据传送给打印机打印，由于两者速度不匹配，显然是不行的。而解决的方法是设置一个打印数据缓冲区，主机把要输出的数据依次写入缓冲区，写满后就暂停写入，继而去做其他的事情；打印机则从缓冲区中按照先进先出的原则依次取出数据并打印，打印完后再向主机发出请求，主机接到请求后再向缓冲区写入打印数据。这样既保证了打印数据的正确，又使主机提高了效率。

### 1.1.4　树和图

树和图是区别于线性结构的非线性结构，通常用来描述具有层次结构的数据，是程序设计中复杂且十分重要的数据结构。

#### 1. 树

树(Tree)是 $n(n\geqslant 0)$个结点构成的有限集合(用 $T$ 表示)。当 $n=0$ 时，称该树为空树(Emptytree)；当 $n>0$ 时称为非空树。非空树有一个特殊的结点，称为该树的根结点(Root)，其他结点被分割成 $m$ 个不相交的子集 $T_1$，$T_2$，…，$T_m$，其中每一个子集，又为一棵树，分别称为 $T$ 的子树(Subtree)。

图 1-9(a)表示只有根结点 A 的树，图 1-9(b)是由 8 个结点组成的树，其根结点为结点 A，它有 3 棵以 B、C、D 为根的子树，而以 B 为根的子树又可以分为以 E、F 为根的两棵子树，以 C 为根的子树又有一棵以 G 为根的子树。

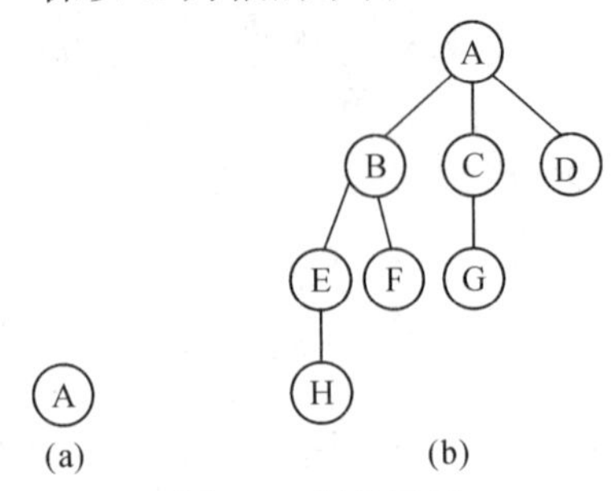


图 1-9　树的示例

1) 树的基本术语

(1) 结点的度。

在树中，结点拥有子树的个数称为结点的度。例如，在图 1-9(b)中，结点 A 的度为 3，结点 B 的度为 2，结点 C 的度为 1，结点 D 的度为 0。

(2) 树的度。

树的度是树内各结点的度的最大值。例如，在图 1-9(b)中，树的度为 3。

(3) 叶结点。

度为 0 的结点称为叶结点，也称为叶子或终端结点。例如，在图 1-9(b)中，结点 D、F、G、H 均为叶结点。

(4) 分支结点。

度不为 0 的结点称为分支结点，也称为非终端结点。除根结点之外，分支结点也称为内部结点。例如，在图 1-9(b)中，结点 A、B、C、E 均为分支结点。

(5) 孩子、双亲、兄弟、祖先、子孙。

结点的后继结点称为该结点的孩子，相应地，该结点称为孩子的双亲。同一个双亲的孩子之间互称兄弟。结点的祖先是从根到该结点所经分支上的所有结点。以某结点为根的子树中的任一结点都称为该结点的子孙。例如，在图 1-9(b)中，B、C、D 互为兄弟，它们都是 A 的孩子，而 A 是它们的双亲。H 结点的祖先是 A、B、E，B 的子孙为 E、F、H。

(6) 结点的层次。

结点的层次，从根开始定义，根为第一层，根的孩子为第二层，其他结点的层次值为双亲结点层次值加 1，若某结点在第 $i$ 层，则其子树的根就在第 $i+1$ 层，其双亲在同一层的结点互为堂兄弟。例如，在图 1-9(b)中，A、B、E、H 的层次值分别为 1、2、3、4。

(7) 树的深度。

树中结点的最大层次称为树的深度或高度。图 1-9(b)所示的树的深度为 4。

(8) 有序树和无序树。

如果将树中每个结点的各子树看成是从左至右有次序的(即不能互换)，则称该树为有序树，否则称为无序树。在有序树中最左边的子树的根称为第一个孩子，最右边的子树的根称为最后一个孩子。

(9) 森林。

森林是 $m(m\geqslant 0)$棵互不相交的树的集合。对树中每个结点而言，其子树的集合即为森林。由此，也可以用森林和树相互递归的定义来描述树。

综上所述，树形结构的逻辑特征可以描述为：树中的任一结点都可以有 0 个或多个后继结点，但至多只能有一个前驱结点。树中只有根结点无前驱结点，叶结点无后继结点。

2) 二叉树

在日常应用中，讨论和用的更多的一种树是二叉树。

下面讨论二叉树的形态。

二叉树(Binarytree)是 $n(n\geqslant 0)$个结点的有穷集合 $B$ 与 $B$ 上的关系集合 $R$ 构成的结构。当 $n=0$ 时，称为空二叉树，当 $n>0$ 时，称为非空二叉树，它为包含了一个根结点以及两棵不相交的、分别称为左子树与右子树的二叉树。二叉树有两种特殊的形态，分别是满二叉树和完全二叉树。

(1) 满二叉树。如果二叉树的所有分支结点都有左子树和右子树，并且所有叶子结点都在二叉树的最下一层，则称这样的二叉树为满二叉树。满二叉树是所有二叉树中结点数最多的二叉树。满二叉树中没有度为 1 的结点，只有度为 0 和 2 的结点。

(2) 完全二叉树。在一棵具有 $n$ 个结点的二叉树中，如果它的结构与满二叉树的前 $n$ 个结点的结构相同，则称这样的二叉树为完全二叉树。在完全二叉树中，只有最下面两层结点的度数可以小于 2。对比满二叉树和完全二叉树，满二叉树是完全二叉树的特例。

如图 1-10 所示，(a)为满二叉树；(b)为完全二叉树，因为它的叶结点 C 不在最下一层，所以不是满二叉树；(c)为非完全二叉树，因为它的 6 个结点的结构与满二叉树前 6 个结点的结构不同。

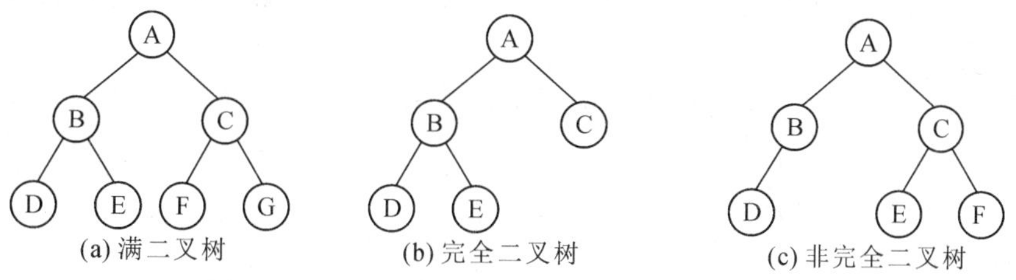


图 1-10　满二叉树、完全二叉树和非完全二叉树

下面讨论二叉树的遍历。

二叉树是一种比较有用的折中方案，对它进行添加、删除元素操作都很快，并且在查找元素方面也可进行很多的算法优化，所以，二叉树是数组和链表这两种数据结构的优化方案，在处理大批量的动态数据方面非常有用。二叉树在查找元素时需要进行遍历，常见的遍历方式有先序遍历、中序遍历和后序遍历。

(1) 先序遍历。先序遍历也称为先根遍历，其递归的定义为：若二叉树为非空，则

① 访问根结点；

② 按先序遍历左子树；

③ 按先序遍历右子树。

先序遍历二叉树的递归算法如下：

```
void PreOrder(BTNode* bt)                  //先序遍历二叉树 bt *
{
    if (bt == NULL) return 0;              //递归调用的结束条件
    printf(bt -> data);                    //访问结点的数据域
    PreOrder(bt -> lchild);                //先序递归遍历 bt 的左子树
    PreOrder(bt -> rchild);                //先序递归遍历 bt 的右子树
}
```

先序遍历的递归算法简洁、明了，但递归算法的效率不高。

(2) 中序遍历。中序遍历也称为中根遍历，其递归的定义为：若二叉树为非空，则

① 按中序遍历左子树；

② 访问根结点；

③ 按中序遍历右子树。

中序遍历二叉树的递归算法如下：

```
void InOrder (BTNode* bt)                  //中序遍历二叉树 bt *
{
    if (bt == NULL) return 0;              //递归调用的结束条件
    InOrder(bt ->lchild);                  //中序递归遍历 bt 的左子树
    printf(bt -> data);                    //访问结点的数据域
    InOrder(bt -> rchild);                 //中序递归遍历 bt 的右子树
}
```

中序遍历的递归算法与先序遍历的递归算法类似，只是次序变为：根入栈，依据根的 left 指针进入左子树进行遍历；遍历完左子树之后，根出栈，访问根，依据根的 right 指针进入右子树进行遍历。

(3) 后序遍历。后序遍历也称为后根遍历，其递归的定义为：若二叉树为非空，则

① 按后序遍历左子树；

② 按后序遍历右子树；

③ 访问根结点。

后序遍历二叉树的递归算法如下：

```
void PostOrder ( BTNode* bt)               //后序遍历二叉树 bt *
{
    if (bt == NULL) return 0;              //递归调用的结束条件
    PostOrder(bt -> lchild);               //后序递归遍历 bt 的左子树
    PostOrder(bt -> rchild);               //后序递归遍历 bt 的右子树
    printf(bt -> data);                    //访问结点的数据域
}
```

按照后序遍历规则，在遍历过程中，只有在遍历完左子树和右子树之后，才能访问根。

### 2. 图

图(Graph)是一种网状数据结构，它由非空的顶点集合和描述顶点之间关系的集合组

成，其形式化的定义为

$$\text{Graph} = (V, E)$$

$V$ 中的数据元素通常称为顶点(Vertex)，是具有相同特性顶点的集合；$E$ 是两个顶点之间关系——边(Edge)的集合。

图 1-11(a)中所有的边都没有方向，也就是说$(v_i, v_j)$和$(v_j, v_i)$表示同一条边，这种图称为无向图(Undirected Graph)，无向图里的边都为无向边。

图 1-11(b)中所有的边都有方向，也就是说$<v_i, v_j>$和$<v_j, v_i>$表示不同的边，这种图称为有向图(Directed Graph)，有向图里的边都为有向边，为了区别于无向边，也称为弧。有向边$<v_i, v_j>$方向是从 $v_i$ 到 $v_j$，一般称 $v_i$ 为弧尾(Tail)或初始点(Initial Node)，称 $v_j$ 为弧头(Head)或终端点(Terminal Node)。

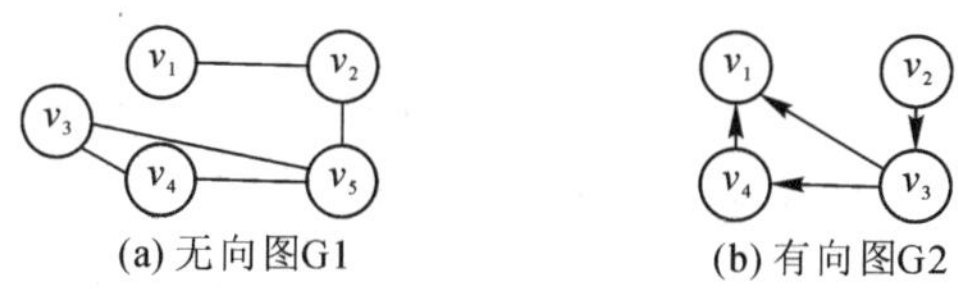


(a) 无向图G1　　(b) 有向图G2

图 1-11　图

1) 图的基本术语

(1) 邻接点、相关边。

若无向图中的两个顶点 $v_i$ 和 $v_j$ 之间存在一条边$(v_i, v_j)$，则称 $v_i$ 和 $v_j$ 互为邻接点，称边$(v_i, v_j)$依附于顶点 $v_i$ 和顶点 $v_j$，而边$(v_i, v_j)$则是与顶点 $v_i$ 和 $v_j$ 相关联的边。例如，在图 1-11(a)无向图 G1 中，与 $v_5$ 相关联的边是$(v_2, v_5)$，$(v_3, v_5)$，$(v_4, v_5)$；在有向图中，若存在弧$<v_i, v_j>$，也称为相邻接，但要区分弧的头和尾，称弧$<v_i, v_j>$与顶点 $v_i$ 和顶点 $v_j$ 相关联。

(2) 完全图。

在一个无向图中，如果任意两个顶点都有一条边直接连接，则称该图为无向完全图，如图 1-12(a)所示。在一个有 $n$ 个顶点的无向图中，若每个顶点到其他 $n-1$ 个顶点都有一条边，则图中有 $n(n-1)/2$ 条边。在一个有向图中，如果任意两个顶点之间都有方向互为相反的两条弧相连接，则称该图为有向完全图，如图 1-12(b)所示，同理可知，任一个具有 $n$ 个顶点的有向图，其最大边数为 $n(n-1)$。

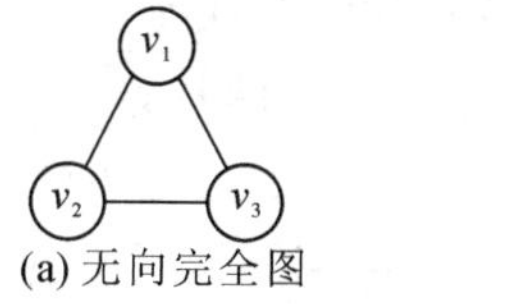


(a) 无向完全图　　(b) 有向完全图

图 1-12　完全图

(3) 顶点的度。

对于无向图，顶点 $v_i$ 的度是指与 $v_i$ 相关联的边的条数，记作 $TD(v_i)$，在图 1-11(a)的无向图 G1 中，$TD(v_5) = 3$。

对于有向图，以 $v_i$ 为终点的有向边的条数称为顶点 $v_i$ 的入度 $ID(v_i)$，以 $v_i$ 为初始点的有向边的条数称为顶点的出度 $OD(v_i)$。顶点的度等于该顶点的入度和出度之和，即 $TD(v_i) = ID(v_i) + OD(v_j)$。在图 1-11(b)有向图 G2 中，$ID(v_3) = 1$，$OD(v_3) = 2$，$TD(v_3) = 3$。

(4) 路径和回路。

对于无向图，若从顶点 $v_i$ 出发有一组边可到达顶点 $v_j$，则称顶点 $v_i$ 到顶点 $v_j$ 的顶点序列为从顶点 $v_i$ 到顶点 $v_j$ 的路径。如图 1-11(a)，顶点 1 到顶点 5 的路径为 $v_1 \to v_2 \to v_5$。

对于有向图，路径也是有向的，路径上边或弧的数目称为路径长度。如果路径的起点和终点相同，则称此路径为回路或环。

(5) 权、网。

有些图的边标上具有某种含义的数据信息，这些附带的数据信息是权。权可以表示从顶点到另一个顶点的距离、花费的代价、所需的时间等。第 $i$ 条边的权用符号 $w_i$ 表示，带权的图也称为网络或网，如图 1-13 所示。

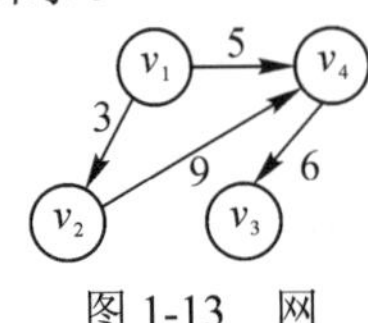

图 1-13　网

(6) 子图。

设图 $G_1 = (v_1, E_1)$和图 $G_2 = (v_2, E_2)$，若 $v_2 \subseteq v_1$ 且 $E_2 \subseteq E_1$，则称图 $G_2$ 是图 $G_1$ 的子图。

(7) 连通图和连通分量。

在无向图中，若从顶点 $v_i$ 到顶点 $v_j$ 有路径，则称顶点 $v_i$ 和顶点 $v_j$ 是连通的。如果图中任意一对顶点都是连通的，则称该图是连通图。非连通图的最大连通子图称为连通分量。如图 1-11 中的无向图 G1 就是连通图。

(8) 强连通图、强连通分量。

对于有向图来说，若图中任意一对顶点 $v_i$ 和 $v_j(i \neq j)$均有从一个顶点 $v_i$ 到另一个顶点 $v_j$ 的路径，也有从 $v_j$ 到顶点 $v_i$ 的路径，则称该有向图是强连通图。有向图的极大强连通子图称为强连通分量。

2) 图的遍历

与树的遍历类似，图的遍历也是许多操作的基础，例如，求连通分量、求最小生成树和拓扑排序等都以图的遍历为基础。

从图中指定的顶点出发，按照指定的搜索方法访问图的所有顶点且每个顶点仅被访问一次，这个过程称为图的遍历。图的遍历方法主要有深度优先搜索遍历(Depth First Search, DFS)和广度优先搜索遍历(Breath First Search, BFS) 两种方法。

(1) 深度优先搜索。

连通图的深度优先搜索遍历方法：从图中指定的顶点 v 出发，先访问 v，然后依次从 v 的未被访问的邻接点出发，直至图中所有和 v 有路径相通的顶点都被访问为止。具体流程如下：

① 访问 v，然后从 v 的未被访问的邻接点中任取一个顶点 w，访问 w；

② 从 w 的未被访问的邻接点中任取一个顶点 s，访问 s；

③ 依此类推，直至一个顶点的所有邻接点均被访问过，再依照先前的访问次序回退到最近被访问的顶点，若它还有未被访问的邻接点，则从这些未被访问的邻接点中任取一个重复以上过程，直至图中所有顶点均被访问过为止。

非连通图的深度优先搜索遍历方法：若是连通图，一次遍历便可访问图中的所有顶点。若是非连通图，一次遍历仅能访问开始顶点所在连通分量中的所有顶点，其他连通分量中的顶点则无法访问到。因此，对于非连通图，在遍历完一个连通分量后，还要再选择一个开始顶点，遍历下一个连通分量，重复这个过程，直至图中的所有顶点均被访问过为止。

(2) 广度优先搜索。

连通图的广度优先搜索遍历方法：首先，从图中指定的顶点 v 出发，先访问 v，再依次访问 v 的未被访问的所有邻接点 w；其次，分别从这些邻接点 $w_i$ 出发，依次访问 $w_i$ 的未被访问的所有邻接点 $t_j$；依此类推，直至图中所有顶点均被访问过为止。

访问邻接点 $w_i$ 的次序要带入到访问邻接点 $t_j$ 中。假设邻接点 $w_1$ 先于邻接点 $w_2$ 被访问，$w_1$ 的邻接点为 $t_1$，$w_2$ 的邻接点为 $t_2$，则先被访问的邻接点 $w_1$ 的邻接点 $t_1$ 也要先被访问，后被访问的邻接点 $w_2$ 的邻接点 $t_2$ 也要后被访问。

非连通图的广度优先搜索遍历方法：与深度优先搜索遍历一样，若是连通图，则一次遍历即可访问图中的所有顶点。对于非连通图，则要依次遍历图的每个连通分量。

与线性结构、树结构相比，图是一种更为复杂的数据结构。在图结构中数据元素之间的关系非常灵活，图中任意两个数据元素之间都可能相关。因此图的应用也极为广泛，如在控制论、人工智能、计算机网络等许多领域中都将图作为解决问题的数学手段之一。

### 1.1.5　散列表

散列表是表的特殊存储形式。这种特殊存储形式体现不出元素之间的逻辑关系，元素完全是“孤立地、松散地”存储在散列表中。但在散列表中进行插入、删除和查找等操作效率极高，因此被广泛地应用在程序设计中。

散列表(Hash table)，也称哈希表，是根据关键码值直接进行访问的数据结构。散列表通过把关键码值映射到表中一个位置来访问记录，从而加快查找的速度。这个映射函数称为散列函数，也称哈希函数，记为 $H(\text{key})$，存放记录的数组称为散列表。

在构造散列表时，不同的关键字可能会映射到表中的同一个位置，这种现象称为冲突。散列表中映射到同一位置的数据元素称为同义词。选择不同的散列函数，冲突的情况会不同。由于冲突没法完全避免，因此，如何构造合适的散列函数以减少冲突是编程者的重要工作。

散列函数的构造方法：

为了使散列地址尽可能地在散列空间上均匀分布以减少冲突，同时使计算尽可能简单且耗时短，我们需要学习构造散列函数。根据关键字的结构和分布不同，可构造出与之适应的各不相同的散列函数，这里只介绍较常用的几种。

(1) 除留余数法。

选择一个适当的正整数 $p$($p \leqslant$表长)，对关键字进行取余操作，将结果作为散列地址，即 $H(\text{key}) = k\%p$。使用除留余数法，选取合适的 $p$ 很重要，若 $p$ 选得不好，容易产生同义词。一般编程者会选 $p$ 为小于或等于表长的最大质数。

除留余数法的地址计算公式简单，并且在许多情况下效果较好，是一种最常用的构造散列函数的方法。

(2) 直接定址法。

直接定址法是取关键字或关键字的某个线性函数为哈希地址，即 $H(\text{key}) = \text{key}$ 或 $H(\text{key}) = a \times \text{key} + b$，其中 $a$ 和 $b$ 为常数，调整 $a$ 和 $b$ 的值可以使哈希地址取值范围与存储空间范围一致。

这类函数是一一对应函数，不会产生冲突，它适用于关键字的分布基本连续的情况，若关键字分布不连续，将造成存储空间的浪费。

(3) 平方取中法。

平方取中法是取关键字平方的中间几位作为散列地址的方法，即算出关键字值的平方，再取其中若干位作为散列地址。一个数平方后的中间几位和数的每一位都有关。因此，具体取多少位视实际要求而定，平方取中法适用于关键字中的每一位取值都不够分散，或者较分散的位数小于散列地址所需的位数的情况。

(4) 数字分析法。

数字分析法是对各个关键字中的各个码位进行分析，取关键字中某些取值较分散的数字位作为散列地址的方法。它适用于所有关键字已知的情况，便于对关键字中每一位的取值分布进行分析。

由于数字分析法需预先知道每位字符的分布情况，就大大限制了其实用性。

(5) 折叠法和移位法。

折叠法是将关键字分割成位数相同的几段(最后一段的位数若不足应补 0)，然后移位叠加作为哈希地址。

移位法是将关键字分割成位数相同的几段，然后移位相加作为哈希地址。

如果关键字长度不是要求位数的整倍，则可采用折叠法和移位法，得到的哈希地址比较均匀。

(6) 随机数法。

选择一个随机函数，取关键字的随机函数值作为它的散列地址，即 $H(\text{key}) = \text{random}(\text{key})$。其中，random 为随机函数。通常，当关键字长度不等时，采用此法构造散列地址较恰当。

散列表的应用场景很多，需要考虑的问题也有很多，比如哈希冲突的问题，如果处理不好会浪费大量的时间，导致应用崩溃。详情请见本书第 4 章。

## 1.2 算　　法

瑞士计算机科学家 N.Wirth 指出：“程序 = 数据结构 + 算法”。它描述了计算机程序是由组织信息的数据结构和处理信息的算法组成的，二者相辅相成，不可分割。

### 1.2.1 算法及性质

在介绍算法之前，先介绍一个求解问题的过程。

**【例 1.4】** 输出最大值问题。

问题描述：输入 10 个数，要求输出其中的最大值。

输入说明：测试数据有多组，每组 10 个数。

输出说明：对于每组输入，请输出其最大值(有回车)。

输入样例：

10　22　23　152　65　79　85　96　32　40

输出样例：

max = 152

这是一个非常简单的问题，其求解过程如下：

(1) 输入 10 个数，将第 1 个数赋值给 max。

(2) 初始化计数变量 $i$ 为 0。

(3) 当 $i \leqslant 10$ 时，执行以下指令：

① 比较 $d[i]$与 max，若 $d[i]$大于 max，则将 $d[i]$赋值给 max;

② $i$ 自增 1。

(4) 输出 max 的值。

由此可知，求最大数的算法就是求解问题的一系列步骤的集合，它以一组值作为输入，并产生一组值作为输出。

通常用计算机程序来实现算法，计算机执行程序中的语句，实现对问题的求解。

算法可以用伪码形式描述(如例 1.4)，也可以用程序设计语言描述：

```
int main(){
    int d[10], i, max;
    while(1) {
    {
        for(i=0; i<=9; i++)
        {
          if(scanf("%d", &d[i])==EOF)          //输入 10 个数
            {return 0; }
        }
        max=d[0];
        for(i=0; i<=9; i++)
        {
            if(max<d[i])
            {max=d[i]; }
        }
        printf("max=%d\n", max);
    }
}}
```

### 1. 算法的性质

所有的算法都必须满足以下性质。

(1) 可行性：算法中描述的操作都是由已经实现的基本运算组成的。

(2) 有穷性：算法必须在有限步或有限的时间内完成。

(3) 确定性：算法中每一条指令必须有确切的含义，不能有二义性。

(4) 有输入：算法应有零或多个输入量。

(5) 有输出：算法应有一个或多个输出量。

算法的有穷性是算法和程序的分界点，程序并不要求在有限的步骤内或有限的时间内结束，比如操作系统，而算法却有这个要求。

**2. 算法的设计准则**

当求解某类问题时，可能有多种算法供选择，究竟哪个算法是“好”的算法，需要通过以下衡量准则来确定。

(1) 正确性：算法应该能达到预期的结果，满足求解问题的需求。显然，这是衡量算法的首要准则。

(2) 可读性：算法应该易于理解、实现和调试，以免造成歧义。

(3) 健壮性：算法不但能够处理合法数据，还能对输入的非法数据做出反应，不致产生不可预料的后果。

(4) 高效性：算法不仅执行的时间要短(时间效率)，而且占用的存储空间要少(空间效率)。

### 1.2.2 算法性能评价

对于同一个问题有很多种解决方法，比如从城市 A 去城市 B，可以选择不同的出行方式，可以坐高铁也可以坐飞机，甚至还可以选择骑自行车或者徒步。类似地，在计算机领域，对同一个问题也会有多个不同算法来解决。那么，如何评价一个算法性能的优劣呢？

一个算法性能的优劣往往通过算法复杂度来衡量。算法的复杂度体现在运行算法时计算机所需资源的多少。在计算机中最重要的资源是时间资源和空间资源，因此，算法复杂度包括时间复杂度和空间复杂度两个方面。时间复杂度是指执行算法所需要的计算工作量，计算工作量通常指算法执行所需要耗费的时间，时间越短，算法效率越高。而空间复杂度是指执行算法所需要的存储空间。

**1. 时间复杂度**

一个算法在计算机上运行时所消耗的时间与很多因素有关，如计算机的运行速度、编写程序的语言、编译产生的机器语言代码质量以及问题的规模等。在这些因素中，前三个都与计算机有关。如果不考虑与计算机硬件、软件有关的因素，仅考虑算法本身的效率高低，则可以认为一个特定算法的“运行工作量”的大小只依赖于问题规模，通常用整数 $n$ 表示。问题规模 $n$ 一般指输入规模，也就是输入元素的个数。当问题的类型不同时，输入的类型可能也会不同，常见的输入类型有数组的大小、多项式的次数、矩阵中元素的个数等。

在一个算法中，执行基本运算的次数越少，其运行时间也就越少；执行基本运算的次数越多，其运行时间也就越多。也就是说，一个算法的执行时间可以由程序中基本运算的执行次数来计量。基本运算执行次数 $T(n)$是问题规模 $n$ 的某个函数 $f(n)$，记作：

$$T(n) = O(f(n))$$

记号“$O$”读作“大 $O$”(Order 的简写，指数量级)，它表示随着问题规模 $n$ 的增大，算法执行时间的增长率和 $f(n)$的增长率相同。对于一个给定的函数 $f(n)$，当输入规模 $n$ 很大时，可以忽略它的一些低阶项。

例如，函数 $f(n)$由 $4n^6$、$3n^2$、$2n$ 和 1 相加组成，当 $n$ 很大时其函数值近似为 $4n^6$，即：

$$f(n) = 4n^6 + 3n^2 + 2n + 1 \approx n^6$$

一般情况下，在一个没有循环的算法中，基本运算次数与问题规模 $n$ 无关，记作 $O(1)$，也称作常数阶。在一个只有一重循环的算法中，基本运算次数与问题规模 $n$ 呈线性关系，记作 $O(n)$，也称线性阶，其余常用的还有平方阶 $O(n^2)$、立方阶 $O(n^3)$，对数阶 $O(\text{lb}n)$、指数阶 $O(2^n)$等。各种不同数量级对应的复杂度存在着如下关系：

$$O(1) < O(\text{lb}n) < O(n) < O(n\ \text{lb}n\ n) < O(n^2) < O(n^3) < O(2^n) < O(n!)$$

算法的时间复杂度采用这种数量级的形式表示后，只需要分析算法中影响算法执行时间的主要部分即可，不必对每一步都进行详细分析。

**【例 1.5】** 分析循环程序代码的算法时间复杂度。

程序代码如下：

```
for(i=1; i<=n; i++)                    //频度 n
{
    for(j=1; j<=n; j++)                //频度 n*n
    {
        c[i][j]=0;                     //频度 n*n
        for(k=1; k<=n; k++)            //频度 n*n*n
            c[i][j]+=a[i][k]*b[k][j];  //频度 n*n*n
    }
}
```

问题分析：为了简化分析，假定一条语句就是一次基本运算，那么每条语句执行一次所需的时间均是单位时间，因此一个算法的时间耗费就是所有语句执行次数之和。语句执行次数之和又称为语句的执行频度。

在例 1.5 算法中，语句 1 的频度是 $n$，语句 3 和语句 5 由两重循环控制，分别执行了 $n \times n$ 次，语句 6 和语句 7 由三重循环控制，执行了 $n \times n \times n$ 次，那么该算法的执行次数 $f(n) = n + 2n^2 + 2n^3$，忽略低阶项后，$f(n) \approx 2n^3$，则该算法的时间复杂度：$T(n) = O(n^3)$。

### 2. 空间复杂度

在一个程序中，算法所占用的存储空间包括输入数据所占空间、程序本身所占空间和辅助变量所占空间。一般情况下，一个程序在机器上执行时，除了需要存储程序本身的指令、常数、变量和输入数据外，还需要存储对数据操作的存储单元，如果输入数据所占空间只取决于问题本身而与算法无关，那么只需分析该算法所需的临时存储单元即可。因此，空间复杂度是对算法在运行过程中临时占用的存储空间大小的度量，一般也作为问题规模 $n$ 的函数。

算法空间复杂度的计算公式记作：

$$S(n) = O(f(n))$$

其中，$n$ 为问题规模，$f(n)$为语句关于 $n$ 所占存储空间的函数。

**【例 1.6】** 分析递归函数的空间复杂度。

```
int fun(n)                          //占用空间 1
{
    int k=10;                       //占用空间 1
    if(n==k) return n;
    else
    {
        n++;
        return fun(n);
    }
}
```

**问题分析**：递归算法的空间复杂度 = 递归深度 $N\times$ 每次递归所要的辅助空间。调用 fun($n$)函数，每次都创建 1 个变量 $k$ 和 1 个变量 $n$。如果调用 $n$ 次，那么 $f(n)=2n$，其空间复杂度为 $S(n)=O(n)$。

## 1.3 本章小结

本章介绍了常见数据结构的基本结构，以及用 C 语言实现的常用操作，包括数组、链表、堆栈和队列、树和图、散列表。数据结构是算法学习的基石，是理解学习本书后面章节的基础。除此之外，本章还介绍了算法及其性质和算法性能评价。算法性能评价一般通过时间复杂度和空间复杂度来评价其优劣。通过这些量化的算法评价方法，程序设计者可以在解决问题时根据内存大小、时间要求、问题规模等实际情况，选择最合适的算法。因此，只有掌握好数据结构以及算法基本知识，才能在程序设计过程中碰到难题时迎刃而解。本章知识点参见图 1-14。

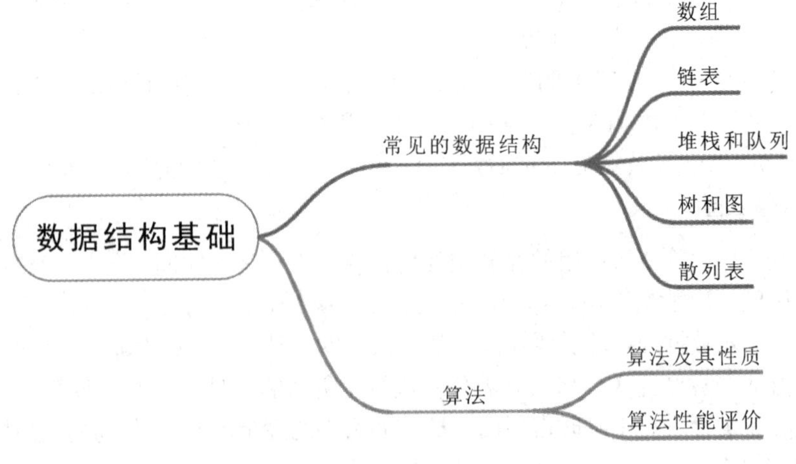


图 1-14　数据结构基础知识点

# 第 2 章　基 础 算 法

本章主要介绍一些常用的算法设计策略。算法设计策略与算法是两个不同的概念，前者面向一般性问题，后者面向具体实现。在面对具体问题设计算法时，通常会发现有很多算法虽然形式上各有不同，但其解题思路却是相同的。学习算法设计策略能够对算法有一些深入的了解，而在解决没有现成算法的一些问题时，结合一些经典的算法策略问题，也可以从中得到一些启发和灵感。

## 2.1　分 治 法

### 2.1.1　分治法的基本概念

分治法，从字面意思理解就是分而治之，其本质就是将一个原本规模较大的问题分解为若干规模较小且更容易求解的子问题，再分别求解每个子问题，最后对求解出的结果进行合并，得到原问题的最终解答。

通常情况下，任何一个可以用计算机求解的问题所需的计算时间都与其规模有关。当问题的规模越小，就越容易直接求解，解题所需的计算时间也越少。例如，对于 $n$ 个元素的排序问题，当 $n = 1$ 时，不需任何计算。

使用分治法设计算法，通常包括以下三个步骤：

(1) 分解：将要求解的问题划分成若干规模较小的同类子问题，且每个子问题是相互独立的；

(2) 求解：当子问题的规模足够小，能够使用较简单的方法解决时，对子问题进行求解；

(3) 合并：合并子问题的解，构成最终的答案。

对原问题进行分解得到子问题的过程往往需要递归地进行，因为如果分解后得到的子问题依然规模较大，仍难以解决，则可以将它们继续分解为更小的子问题，直到每个子问题都可以容易地求解出答案为止。与此同时，由于每个子问题的形式相同，解决方法也一样，也可以使用递归算法快速解决。因此，分治与递归经常同时应用在算法设计中。总而言之，分治法就是通过逐层分解问题，从而达到各个击破、分而治之的目的。

使用分治法设计的经典算法有二分查找、合并排序、快速排序、大整数乘法、汉诺塔、循环赛日程表等，其中二分查找、合并排序和快速排序将在本书专门的章节中讲解，这里结合循环赛日程表和大整数乘法问题的算法设计来介绍分治法的应用策略。

### 2.1.2 分治法应用举例 1：循环赛日程表

时间限制：1000 ms；内存限制：32 MB。

问题描述：设有 $n = 2^k$ 个运动员要进行网球循环赛，现要设计一个满足以下要求的比赛日程表：

(1) 每个选手必须与其他 $n - 1$ 个选手各赛一次；

(2) 每个选手一天只能赛一次；

(3) 循环赛一共进行 $n - 1$ 天。

输入说明：一个正整数 $n$，表示参加比赛的运动员的数量，其中 $n = 2^k(k > 0)$。

输出说明：一个 $n \times n$ 的二维矩阵，其中第 0 列依次是每一位运动员的编号(运动员的编号从 1 开始)，剩下的 $n - 1$ 列是循环赛的编排表，其中第 $i$ 行第 $j(j > 0)$列的数值表示编号为 $i + 1$ 的运动员在第 $j$ 天遇到的运动员的编号。

输入样例：

```
8
```

输出样例：

```
1 2 3 4 5 6 7 8
2 1 4 3 6 5 8 7
3 4 1 2 7 8 5 6
4 3 2 1 8 7 6 5
5 6 7 8 1 2 3 4
6 5 8 7 2 1 4 3
7 8 5 6 3 4 1 2
8 7 6 5 4 3 2 1
```

算法分析：

从最简单的情况(即假设只有两名运动员)开始，分析循环赛日程表问题的结构特征。

当只有两位运动员($n = 2$)时，分别是运动员 1 号和运动员 2 号，显然他们之间只需要安排一场比赛就可以了，而这场比赛也只需要安排在第一天就可以结束，因此比赛日程安排可以用一个 $2 \times 2$ 的二维矩阵 **A** 表示：

|   |   |
|---|---|
| 1 | 2 |
| 2 | 1 |

图 2-1 两名运动员的对阵矩阵

图 2-1 所示，矩阵第 0 列的两个元素 **A**[0][0]和 **A**[1][0]分别表示运动员的编号 1 号和 2 号，而第 1 列的元素值则表示第 1 天所有的对阵安排。其中，**A**[0][1]的值为 2，表示 1 号选手在第 1 天遇到的是 2 号运动员，**A**[1][1]的值为 1，表示 2 号选手在第 1 天遇到的是 1 号运动员。因此，可以得出一个显然的结论，即这个日常安排表是一个对称矩阵。

当 $n = 4$ 时，将有 4 位运动员参与循环赛。这 4 位运动员可以两两分为一组，比如 1 号与 2 号为一组，3 号与 4 号为一组，每一组可以在同一天各自进行循环赛。比如在比赛的第 1 天，第一组是 1 号与 2 号，第二组是 3 号与 4 号比赛，因此数组的第 1 列的值分别为[2, 1, 4, 3]。第二天和第三天两组交叉比赛，数组的第 2 列的值分别为[3, 4, 1, 2]，第二天第一组的 1 号运动员分别对阵 3 号和 4 号，第二组的 3 号运动员分别对阵 1 号和 2 号。

得到的日程安排表如图 2-2 所示：

| 1 | 2 | 3 | 4 |
|---|---|---|---|
| 2 | 1 | 4 | 3 |
| 3 | 4 | 1 | 2 |
| 4 | 3 | 2 | 1 |

图 2-2 四名运动员的对阵矩阵

从图 2-2 所示的由四名运动员组成的比赛日程安排表可以发现，它可以分解为 2 个两人组比赛日常表的组合，将矩阵右上角 2 × 2 子矩阵的值直接复制到左下角，同样，矩阵左上角的 2 × 2 子矩阵也被复制到了右下角。

由于这个 4 × 4 的矩阵具有的对称性，因此只需关注位于左上和右上的两个 2 × 2 子矩阵的值的特点。左上的 2 × 2 子矩阵元素包括 **A**[0][0]、**A**[0][1]、**A**[1][0]、**A**[1][1]，它代表的是 1 号运动员与 2 号运动员的赛程安排，填入的值分别为 1、2、2、1。右上的 2 × 2 子矩阵元素包括 **A**[0][2]、**A**[0][3]、**A**[1][2]、**A**[1][3]，它代表的是 3 号运动员与 4 号运动员的赛程安排，填入的值分别为 3、4、4、3。我们也可以换个视角再来看这组值的特点，即 **A**[0][0 + 2]、**A**[0 + 0][1 + 2]、**A**[1 + 0][0 + 2]、**A**[1 + 0][1 + 2]，它们的值分别是 1 + 2、2 + 2、2 + 2、1 + 2。

发现规律了吗？右上子矩阵的值 = 左上的子矩阵 +2，而这个 2 正是右上子矩阵相对于左上子矩阵在坐标上的偏移量。由此，可以按照这样的规律分别填写每个 2 × 2 子矩阵的值。

我们也可以将该规律推广到 $n = 2^k$ 的情况。按照分治策略，将所有运动员平均分为两组，$n$ 个运动员的比赛日程表就可以通过两个 $n/2$ 个运动员的比赛日程表来决定。如果分解后的小组成员的数量依然大于 2，则可以使用分治法继续对运动员进行分割，直到每一组都只包含两个运动员，就可以直接得到一个 2 × 2 的比赛日程表。

循环赛日程表是一个典型的可以用分治法来解决的问题。将一个原本规模为 $n$ 的问题逐层分解，而且每个子问题的结构都与原问题形式相同且相互独立，直到子问题的解可以轻而易举地获得，就可以通过递归解决这些子问题，最后合并各个子问题的解得到原问题的解。

实现代码如下：

```
#define N 100
int a[N][N]={0};                //定义一个足够大的二维数组，并将所有元素的值初始化为 0
void table(int n, int k)        //n 是运动员数量，k 是子矩阵在矩阵中的位置
{
    int i, j;
    if(n == 2)                  //如果运动员数量是 2，只需直接填写结果
    {
        a[k][0] = k+1;
        a[k][1] = k+2;
        a[k+1][0] = k+2;
```

```
            a[k+1][1]=k+1;
        }
        else                //如果运动员数量大于 2，就需要分组，每次一分为二，递归调用 table()，
        {
            table(n/2, k);                      //第 1 个子矩阵规模为 n/2，偏移位置为 k
            table(n/2, k+n/2);                  //第 2 个子矩阵规模为 n/2，偏移位置为 k+n/2
            for(i=k; i<k+n/2; i++)              //复制左下角的子矩阵到右上角
                for(j=n/2; j<n; j++)
                    a[i][j]=a[i+n/2][j-n/2];
                for(i=k+n/2; i<k+n; i++)        //复制左上角的子矩阵到右下角
                    for(j=n/2; j<n; j++)
                        a[i][j]=a[i-n/2][j-n/2];
        }
    }
    int main()
    {
        int n, i, j;
        while(scanf("%d", &n)!=EOF)
        {
            table(n, 0);                        //初始数量为 n，偏移位置为 0
            for(i=0; i<n; i++)
            {
                for(j=0; j<n; j++)
                    printf("%d    ", a[i][j]);
                printf("\n");
            }
        }
        return 0;
    }
```

### 2.1.3　分治法应用举例 2：大整数乘法

时间限制：1000 ms；内存限制：65536 KB。

问题描述：求两个不超过 200 位的非负整数的积。

输入说明：有两行，每行是一个不超过 200 位的非负整数，没有多余的前导 0。

输出说明：一行，即相乘后的结果。结果里不能有多余的前导 0，例如结果是 342，就不能输出为 0342。

输入样例：

    12345678900

98765432100

输出样例：

121932631112635269000

算法分析：

由于编程语言提供的基本数值数据类型表示的数值范围有限，当两个大数进行相乘运算时，很可能会超过计算机数值的表示范围，从而导致计算溢出错误。比如，一个 long int 类型数值由 4 个字节组成，可以表示的范围是 $-2^{31}\sim(2^{31}-1)$，即 −2 147 483 648～2 147 483 647)。当两个 long int 整型相乘，其结果最大会到达 $2^{62}$，远远超过了 long int 类型能够表示的范围。

因此，用直接的相乘运算不能满足较大规模的高精度数值计算，需要利用其他方法间接完成计算，于是产生了大数运算。

对于两个整数相乘，最直观的方法就是列竖式。在程序中，可以定义两个 int 类型的数组 $A$ 和 $B$，把两个大整数按位进行存储，再把数组中的元素按照竖式的要求进行逐位相乘得到中间结果，最后将所有的中间结果相加得到最终结果。

这种方法的性能如何呢？我们可以计算一下它的算法复杂度。由于两个大整数的所有数位都需要一一彼此相乘，假设整数 $A$ 有 $m$ 位，整数 $B$ 有 $n$ 位，则总共需要进行 $m\times n$ 次相乘操作，即算法复杂度为 $O(m\times n)$。如果两个大整数的位数相近，那么算法复杂度就是 $O(n^2)$。但是我们可以利用分治法设计找到比 $O(n^2)$复杂度更低的算法。

假设需要相乘的两个整数为 123456 和 54321，首先将大整数按照数位平均分成高数位和低数位两部分，如图 2-3 所示。

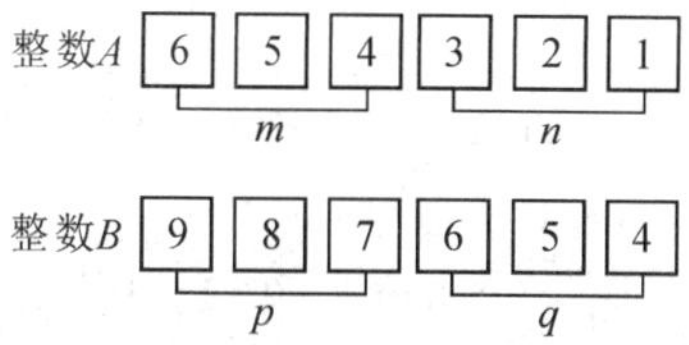

整数$A$ 6 5 4 3 2 1 （$m$ $n$）

整数$B$ 9 8 7 6 5 4 （$p$ $q$）

图 2-3　大整数的分解示意图

分解后的大整数可以用以下表达式代替

$$A=m\times 10^3+n$$

$$B=p\times 10^3+q$$

这样，$A$ 与 $B$ 的乘积可以写成以下的形式：

$$A\times B=(m\times 10^3+n)\times(p\times 10^3+q)=mp\times 10^6+mq\times 10^3+np\times 10^3+nq$$

我们可以发现，原本两个六位数的整数的乘积运算，变成了四组三位数的整数的乘积运算和三次加法运算，也就是将一个原来的大问题分解成了四个规模更小的子问题，而且每一个子问题的计算结构相同，彼此独立。对每个子问题的结果进行求和，也就是合并，就能得到原问题的解。

如果分解后得到的数依然规模较大，还可以按照原来对半拆分规则继续对其进行细分，直到每一个数都可以直接进行乘积运算为止。

若将大整数的长度一般化，就可以着手设计该问题的算法。

第一步，分解：将两个大整数 $A$($n$ 位)、$B$($m$ 位)按照各自的位数分解为两部分：AH 和 AL、BH 和 BL，其中 AH 表示大整数 $A$ 的高位，AL 表示大整数 $A$ 的低位，它们的位数是 $n/2$ 位；同样的，BH 表示大整数 $B$ 的高位，BL 表示大整数 $B$ 的低位，它们的位数是 $m/2$ 位。

这两个位数分别为 $n$ 位和 $m$ 位的大整数经过拆分后的乘积运算就转换成了四个乘积运算 AH*BH、AH*BL、AL*BH、AL*BL，而每个乘数的位数变为原来的一半。

第二步，求解子问题：继续对每个乘法运算进行分解，直到分解后的乘数位数能够直接运算时停止分解，进行乘法运算并记录结果。

第三步，合并：将计算出的结果相加并回溯，求出最终结果。

从运算过程可知，结果合并的过程就是一组加法运算，但是不能通过将两个整数直接相加的方式得到结果，因为两个相加的整数也很可能是大数，可以利用数组逐位相加的方式获得。

实现代码如下：

```
#include<stdio.h>
#include<stdlib.h>
#include<math.h>
void SameNumber();
void UnSameNumber();
int SIGN(long A);
long CalculateSame(long X, long Y, int n);
long CalculateUnSame(long X, long Y, int xn, int yn);
int main()
{
    SameNumber();
    UnSameNumber();
    return (0);
}

int SIGN(long A)
{
    return A > 0 ? 1 : -1;
}

void SameNumber()
{
    long X=0, Y = 0;
    int n=0;
    printf("理想状态下用法！ ");
    printf("请输入两个大整数：\nX=");
    scanf("%d", &X);
    printf("Y=");
    scanf("%d", &Y);
    printf("请输入两个大整数的长度：n=");
    scanf("%d", &n);

    long sum = CalculateSame(X, Y, n);
    printf("普通乘法  X*Y=%d*%d=%d\n", X, Y, X*Y);
    printf("分治乘法  X*Y=%d*%d=%d\n", X, Y, sum);
```

```
}
long CalculateSame(long X, long Y, int n)
{
    int sign = SIGN(X)* SIGN(Y);
    X = labs(X);
    Y = labs(Y);
    if (X == 0 || Y == 0)
        return 0;
    else if (n == 1)
        return sign* X* Y;
    else
    {
        long A = (long)(X / pow(10, n / 2));
        long B = (X % (long)pow(10, n / 2));
        long C = (long)(Y / pow(10, n / 2));
        long D = (Y % (long)pow(10, n / 2));
        long AC = CalculateSame(A, C, n / 2);
        long BD = CalculateSame(B, D, n / 2);
        long ABCD = CalculateSame((A - B), (D - C), n / 2) + AC + BD;
        return (long)(sign*(AC*pow(10, n) + ABCD*pow(10, n/2)+BD));
    }
}

void UnSameNumber()
{
    long X=0, Y = 0;
    int xn=0, yn=0;
    printf("非理想状态下用法！");
    printf("请输入两个大整数：\nX=");
    scanf("%d", &X);
    printf("Y=");
    scanf("%d", &Y);
    printf("请输入 X 的长度：xn=");
    scanf("%d", &xn);
    printf("请输入 Y 的长度：xn=");
    scanf("%d", &yn);
    long sum = CalculateUnSame(X, Y, xn, yn);
    printf("普通乘法 X*Y=%d*%d=%d\n", X, Y, X*Y);
    printf("分治乘法 X*Y=%d*%d=%d\n", X, Y, sum);
```

```
}
long CalculateUnSame(long X, long Y, int xn, int yn)
{
    if (X == 0 || Y == 0)
        return 0;
    else if ((xn == 1 && yn == 1) || xn == 1 || yn == 1)
        return X* Y;
    else
    {
        int xn0 = xn / 2, yn0 = yn / 2;
        int xn1 = xn - xn0, yn1 = yn - yn0;
        long A = (long)(X / pow(10, xn0));
        long B = (long)(X % (long)pow(10, xn0));
        long C = (long)(Y / pow(10, yn0));
        long D = (long)(Y % (long)pow(10, yn0));
        long AC = CalculateUnSame(A, C, xn1, yn1);
        long BD = CalculateUnSame(B, D, xn0, yn0);
        long ABCD = CalculateUnSame((long)(A* pow(10, xn0) - B), (long)(D - C* pow(10, yn0)),
xn1, yn1);
        return (long)(2* AC * pow(10, (xn0 + yn0)) + ABCD + 2* BD);
    }
}
```

## 2.2 递 归 法

### 2.2.1 递归法的基本概念

递归是计算机科学中一个非常基础和关键的概念，也是我们在设计算法时常用的基本技能。如果一个函数可以在其函数内部调用本身，那么这种调用方式被称为递归(recursive)。递归算法就是通过定义和使用递归函数来求解问题的计算方法。使用递归算法时，虽然可以用简单易理解的方式有效地解决一些复杂的问题，简化代码的编写，提高程序的可读性，但如果递归算法使用不当，会适得其反。

使用递归算法，首先要设计递归函数。递归函数每次调用自身时必须缩小计算问题的范围，从而使得输入变得更加精细，逐步接近问题的答案。

这里通过一个例子说明递归的思想。假设要计算整数 $n$ 的阶乘 $n!$，即计算 1～$n$ 之间所有整数的乘积，如 $1! = 1$，$2! = 2 \times 1$，$3! = 3 \times 2 \times 1$，…，$n! = n \times (n-1) \times (n-2) \times \cdots \times 1$。

直观的计算方法就是使用循环，其实现代码如下所示：

```
int f(int n)
```

```
{
    int s=1, i;
    if(n<=0) return 0;
    for(i=1; i<=n; i++)
        s=s*i;
    return s;
}
```

对于该问题也可以使用递归的方式加以描述，如下所示：

$$f(n)=\begin{cases} 1 & n=1 \\ n\times f(\mathrm{n}-1) & n=1 \end{cases}$$

使用递归方式定义的求阶乘函数，其实现代码如下所示：

```
int f(int n)
{
    if(n==1)
        return 1;
    return n*F(n-1);
}
```

要计算 $f(n)$，先要计算 $f(n-1)$，依次类推，这意味着每一次递归都通过嵌套调用函数自身来完成计算，而每次传递给被调用函数的参数会更接近终止条件。比如，在求解阶乘的函数中，当 $n=1$ 时，该条件路径中不再包含递归调用，此时就可以立刻得到本次函数调用的计算结果，因此可以将 $n=1$ 作为递归调用的终止条件。$f(1)$完成计算后，会将计算结果通过 return 语句返回给调用它的 $f(2)$，以此类推。通过函数调用的逐级返回，直到调用的起点就可以得到最终的答案，递归过程结束。

以 $f(5)$的计算过程为例，其函数递归调用的过程可以用如图 2-4 所示的一条链表示：

$f(5)$的计算结果依赖于 $5\times f(4)$，而 $f(4)$的结果依赖于 $4\times f(3)$，以此类推，直到 $f(1)$。根据函数定义，当 $n=1$ 时，函数直接返回 1，因此 $f(1)$是本轮递归调用的终点。$f(5)$函数依次带着结果返回上一级调用，返回过程如图 2-5 所示。

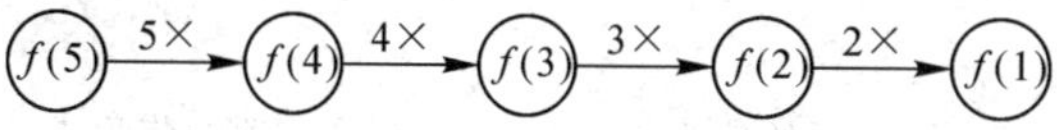

图 2-4 $f(5)$的递归过程

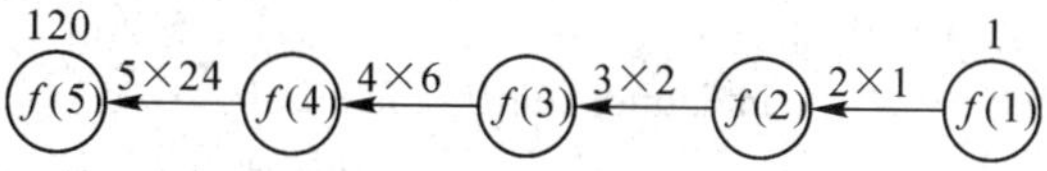

图 2-5 $f(5)$的递归返回过程

从 $f(5)$调用和返回的过程可以看出，递归调用是一个先进后出的过程，最先被调用的 $f(5)$最后返回，而最后被调用的 $f(1)$则最先返回。每一次函数调用的过程信息都会被系统自动保存在一个叫作栈的内存空间中，只有函数返回时，当前函数所占用的栈空间才会被释放。显然，随着输入参数 $n$ 的增大，需要消耗的栈空间也会越来越大。在现代计算机系统中，每个程序所能使用的栈空间是一种有限的内存资源，当栈空间消耗殆尽时，就会发生程序异常退出等严重错误。

因此，在使用递归策略设计递归算法时应注意以下几点：

(1) 递归函数每嵌套调用一次，都应缩小求解问题的规模，直到子问题的规模小到能够直接给出解答而不再进行递归调用，称为递归结束条件；

(2) 递归虽然为编程提供了简单的解决方案，但由于每一次递归调用时都需要将函数的返回值、局部变量等信息保存在栈中，当递归嵌套的次数太多时，有可能因为消耗太多的内存而造成栈溢出错误。

下面通过具体的实例分析递归的应用。

### 2.2.2 递归应用举例 1：斐波那契数列

时间限制：1000 ms；内存限制：32 MB。

问题描述：编写一个求斐波那契数列的递归函数，输入 $n$ 值，使用递归函数，输出斐波那契数列。

输入说明：一个整型数 $n$。

输出说明：题目可能有多组不同的测试数据，对于每组输入数据，按题目的要求输出相应的斐波那契图形。

输入样例：

6

输出样例：

0
0 1 1
0 1 1 2 3
0 1 1 2 3 5 8
0 1 1 2 3 5 8 13 21
0 1 1 2 3 5 8 13 21 34 55

算法分析：斐波那契数列的定义：数列中第 1 个是 0，第 2 个数是 1，后续的每个数字都是其前两个数字之和。例如，当数列长度为 6 时，该数列的前 6 个数依次是：0、1、1、2、3、5。

对于该问题，可以使用循环方式来实现，函数定义如下：

```
long long int fib_loop(int n)
{
    int i, tmp, num1=0, num2=1;
                        //初始情况下，num1 记录第 1 项的值为 0，num2 记录第 2 项的值为 1
    if(n==0||n==1)
        return n;       //当 n 为 0 或 1 时，函数直接返回结果
    else                //否则循环计算前 n-1 项和 n-2 项
        for(i=0; i<n-1; i++)
        {
            tmp=num1+num2;
            num1=num2;
            num2=tmp;
```

```
        }
        return tmp;
    }
```

当输入参数为 $n$ 时，函数内部的循环体执行了 $n$ 次，所以循环算法的时间复杂度是 $O(n)$。

使用递归的方式解决该问题。从代码的表达形式上看，递归更能直接体现计算的本质要求，从而简化程序设计。首先创建一个递归函数，当输入为 $n$ 时，返回相应的斐波那契数列的第 $n$ 项数值，函数定义如下：

```
long long int fib_rec(int n)
{
    if(n==0||n==1)
        return n;
    else
        return fib_rec(n-1)+fib_rec(n-2);
}
```

从函数的定义可以看出，如果要计算数列的第 $n$ 项，当 $n$ 为 0 或 1 时，函数能直接返回结果；当 $n \geqslant 2$ 时，只需递归地调用函数自身，分别计算第 $n-1$ 项和第 $n-2$ 项。

fib_rec(5)的函数递归调用的过程可以用图 2-6 表示。

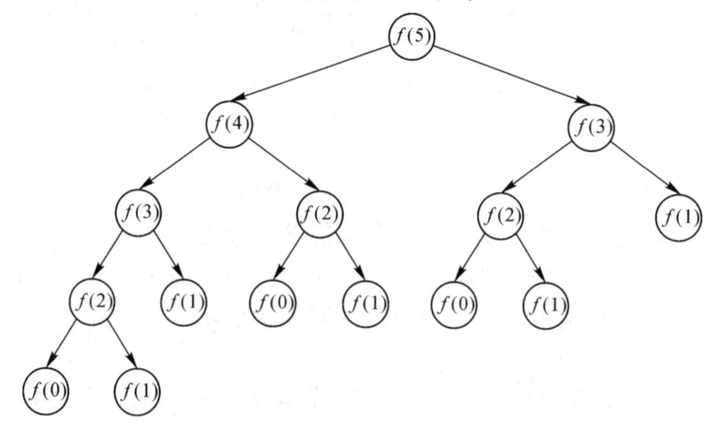


图 2-6　$f(5)$的递归调用树

如图 2-6 所示，$f(5)$的计算结果依赖于$f(3)$和$f(4)$，而$f(3)$依赖于$f(2)$和$f(1)$，以此类推，得到一棵递归树。其中，只有$f(0)$和$f(1)$是叶子结点，其他结点$f(n)$都是具有两个子结点$f(n-1)$和$f(n-2)$的父结点。当函数调用到达子结点后，递归调用结束，开始向父结点返回计算结果。

在解决了生成斐波那契数列的第 $n$ 项数的计算问题后，我们回到原问题的需求。原问题要求根据输入数据 $n$，输出 $n$ 行斐波那契数列，第 1 行斐波那契数列长度为 1，第 2 行斐波那契数列长度为 3，每一行都比前一行多两个数，依次类推，第 $n$ 行的长度为 $2n-1$。因此可以利用双重循环依次输出。

main 函数定义如下：

```
int main()
{
    int n;
```

```
        int i, j;
        while(scanf("%d", &n)!=EOF)
        {
            for(i=0; i<n; ++i)                  //使用循环依次构建 n 行数列
            {
                for(j=0; j<=2*i; ++j)           //循环输出每一行数列
                    printf("%lld ", fib_rec(j));
                printf("\n");
            }
        }
        return 0;
    }
```

如果计算斐波那契数列这个例子并不能足够展现递归的强大优势，下面介绍著名的“台阶”问题。

假设有 $n$ 级台阶，一个人可以每次跨 1 级或 2 级台阶，那么这个人到达顶端总共可以有多少种不同的上楼方式？图 2-7 展示了爬上 5 级台阶的 3 种可能的方式。

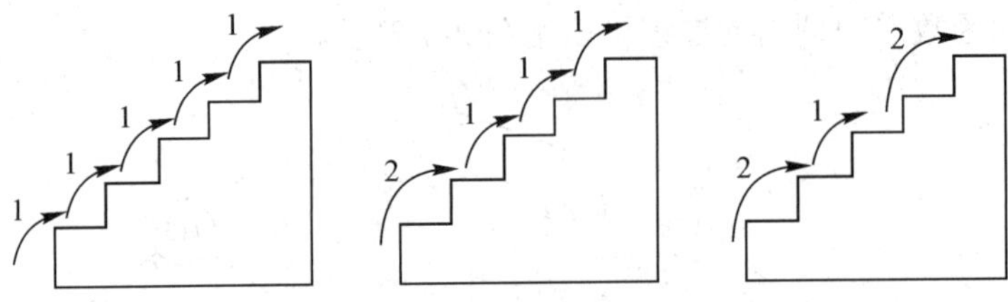


图 2-7　上台阶的 3 种可能的方式

如果采用自下而上的方法依次穷举所有可能的上楼方式，会发现这个问题很复杂。但是递归的方式可以让问题变得简单，因为它是一种自上而下的方式。比如先设想如果要登上第 5 级台阶，只有两种方式，一种是从第 4 级台阶跨 1 步，另一种是从第 3 级台阶跨 2 步。

因此，跨上第 5 级台阶的方式数量就等于到达第 4 级台阶的方式数量加上到达第 3 级台阶的方式数量，用公式表达就是 $f(5) = f(4) + f(3)$。由此推广开来，对于任意台阶 $n$(当 $n>2$)，$f(n) = f(n-1) + f(n-2)$，这正是斐波那契数列的计算公式。

在这里需要注意对递归结束条件的定义，当 $n = 1$ 时，只有 1 级台阶，上楼方式显然只有 1 种，就是跨 1 步；当 $n = 2$ 时，有 2 级台阶，上楼方式有 2 种，要么分两次跨 1 步，要么直接跨 2 步。

请大家自行列出递归表达式，并用算法实现。

我们发现，当我们换一种思路来看待问题时，原本复杂烦琐的问题就会变得简单，轻而易举地解决。

### 2.2.3　递归优化——斐波那契数列的优化求解

本节对用于计算斐波那契数列第 $n$ 项的递归函数 fib_rec($n$)的时间性能进行分析，可以用几组真实的数据来测试。该算法的复杂度，当输入 $n$ 时，打印 fib_rec($n$)的值，实现代码如下：

```
int main()
{
    int n;
    scanf("%d", &n);
    printf("%lld ", fib_rec(n));
    return 0;
}
```

当键盘输入 10，运行结果如图 2-8 所示，运行时间是 1.521s。

```
10
55
Process returned 0 (0x0)   execution time : 1.521 s
```

图 2-8　$f(10)$的运行时间

当键盘输入 50，运行结果如图 2-9 所示，运行时间就达到了 111.499 s。

```
50
12586269025
Process returned 0 (0x0)   execution time : 111.499 s
```

图 2-9　$f(50)$的运行时间

从图 2-8 和图 2-9 可以看到，数据规模仅仅从 10 增长到 50，程序运行所需要的时间就增长了近 100 倍，而且随着输入规模 $n$ 的增大，时间消耗明显急剧增加。那么该算法时间复杂度如何呢？再次观察该算法的递归调用树，在树中，每一个结点都对应了一次函数调用。在斐波那契递归树中，每个父结点都有两个子结点，当参数为 $n$ 时，树的深度也为 $n$，则可以计算出其结点数约为 $O(2^n)$。因为这棵树并不是一棵完全二叉树，精确的值接近于 $O(1.6^n)$，因此该递归函数的时间复杂度是指数级别的。

从该算法的实现过程会发现，有一些函数被重复执行了多次，比如 $f(3)$、$f(2)$、$f(1)$、$f(0)$。因为若要解出 $f(n)$，就需要先解出 $f(n-1)$和 $f(n-2)$，但是 $f(n-1)$又需要 $f(n-2)$和 $f(n-3)$，因此 $f(n-2)$被重复求解，这种现象属于重叠子问题。显然，随着 $n$ 规模增大，会有越来越多这样的结点被重复计算，造成时间上的巨大浪费，所以该算法是极其低效的。因此，需要对递归进行优化来解决该问题。

对于在递归的过程中存在重复计算的问题，只需要对已经计算过的值进行保存(缓存)，比如存在一个整型数组中，在下次递归需要计算某个子问题时，就可以在数组中查找该问题是不是已经被计算过了，如果有就直接取出答案，避免重复计算；如果还没有，就执行完本次计算后，将答案记录在数组中。

这是一种用空间换时间的做法，通过一个数组来实现数据的“备忘录”功能，从而降低重复求解同一个子问题所带来的时间开销，从而降低算法的复杂度。

优化后的斐波那契函数的实现代码如下：

```
#define N 1000                         //假设数据项不超过 1000 项
long long int mem[N]={0, 1};           //给数组的第 0 项和第 1 项赋初值，其余都为 0
long long int fib_rec2(int n)
```

```
{
    if(n==0||n==1)   return n;
    if(mem[n]!=0) return mem[n];          //如果该数据项已经在备忘录中，则直接返回结果
    mem[n]=fib_rec2(n-1)+fib_rec2(n-2); //否则使用递归继续计算，并将计算结果记录在备忘录中
    return mem[n];
}
```

在优化后的斐波那契函数中，每次对 $f(n)$ 的调用，$f(n)$ 所需要的 $f(n-1)$ 和 $f(n-2)$ 都已经过计算，并存储在 mem[]数组中，因此只需查找数组就可以找到对应的值。由于数组的查找是一个 $O(1)$ 的时间复杂度，因此对输入参数 $n$ 的计算，只需要查找前 $n-1$ 项的值就可以。因此该递归函数的时间复杂度是 $O(n)$。

这里依然通过实验来验证使用数组建立“备忘录”降低递归法求斐波那契数列的时间性能(测试数据依然使用 50)，运行结果如图 2-10 所示。

```
50
12586269025
Process returned 0 (0x0)    execution time : 1.580 s
```

图 2-10 递归优化后的 $f(50)$ 的运行时间

从图 2-10 可知，当输入数据为 50 时，运行时间已经降低到 1.58 s，相比之前的暴力递归方式，时间性能得到了极大提升，而且输入规模越大这种优势就越明显。此外，由于优化后的斐波那契算法减少了递归调用的次数，内存的消耗也会降低。

在优化斐波那契数列的递归算法的基础上，讨论一下 2.2.2 节的问题，即对该题目原来的实现做进一步的优化。该题目要求当输入参数为 $n$ 时，要输出 $n$ 行斐波那契数列，每一行数列的长度分别为 1、3、5……$(2n-1)$，共包括 $n^2$ 个数列元素。在原算法中使用了一个双重循环，外循环用来输出 $n$ 行数列，而内循环则用来计算一行中的数列元素，因此每一个数列元素的计算都是通过调用 fib_rec()来完成的，也就意味着当输入为 $n$ 时，需要执行 $n^2$ 次函数调用。在这个实现过程中同样有大量重复的计算。

在使用了备忘录的递归函数中，当一个数列元素生成后就不会再被重复计算了，因此，可以通过修改原来的 main 函数实现，使其在一开始就创建完所有的数列元素，然后依次输出每一行即可。

函数实现代码如下：

```
int main()
{
    int n;
    int i, j, index;
    long long temp;
    while(scanf("%d", &n)!=EOF)
    {
        index=2*n-1;                    //生成的最大数列元素是第 2 × n − 1 项
        temp=fib_rec2(index);           //一次性生成所有数列元素
        for(i=0; i<n; i++)
        {
```

```
            for(j=0; j<=2*i; j++)
                printf("%lld ", mem[j]);   //循环输出数组元素
            printf("\n");
        }
    }
    return 0;
}
```

在 main 函数实现中，数列元素生成函数 fib_rec2()仅仅被调用了一次，在函数调用的过程中，生成了从第 0 项到第 $2n-1$ 项的所有元素，并保存在 mem[]数组中。因此，在输出每一行数列的过程中，不再需要动态生成数列元素，减少了重复的函数调用，提高了算法的性能。

### 2.2.4 递归应用举例 2：饮料换购

时间限制：1000 ms；内存限制：32 MB。

问题描述：某商场正在举办饮料促销活动，每购买一瓶饮料可收集一个瓶盖，凭 3 个瓶盖可以再换一瓶该饮料，并且可以一直循环下去，但不允许赊账。

如果小明一开始购买了 $n$ 瓶饮料，在不浪费任何一个瓶盖的情况下，尽可能地换购，那么最后小明最多能得到多少瓶饮料。

输入说明：一个整数 $n$，表示最初购买的饮料数量($0<n<10000$)

输出说明：题目可能有多组不同的测试数据，对于每组输入数据，输出实际得到的饮料数。

输入样例：

200
300

输出样例：

299
449

算法分析：

假设小明当前有 $n$ 瓶饮料，则意味着有 $n$ 个饮料瓶盖子，若 $n<3$，则收集的瓶盖数不足以进行 1 次换购，因此通过换购得到的饮料数为 0。若 $n\geqslant3$，则收集的瓶盖数足够参与换购，且每 3 个瓶盖可以换一瓶，因此换购得到的饮料数为 $n/3$，还余下 $n\%3$，不足以参加换购，因此这一轮换购后得到的饮料瓶数为$(n/3+n\%3)$，而这正是参与下一轮换购的饮料瓶盖的数量。以此类推，每一轮能够参与换购的瓶盖数都取决于上一轮换购剩下的饮料瓶数量，而且换购的规则是一样的，因此这是一个明显的递归过程。由于每次换购都会使剩下的饮料瓶数越来越少，因此递归的终止条件也很明显，就是当 $n<3$。

由此，可以构建如下一个递归表达式，用来计算当饮料瓶数为 $n$ 时，能够换购得到的饮料瓶数量。

$$\text{drink}(n)=\begin{cases}0 & n<3\\ \text{drink}(n/3+n\%3)+n/3 & n\geqslant 3\end{cases} \tag{2-1}$$

drink($n$)用来计算当饮料数为 $n$ 时，能够通过换购得到的新增饮料的数量。显然，当 $n < 3$ 时，无法换购该饮料；而当 $n \geqslant 3$ 时，首先可以用 $n$ 个瓶盖换购得 $n/3$ 瓶饮料，然后用($n/3 + n\%3$)个瓶盖继续参加下一轮的换购。

由此，计算总共得到的饮料瓶数就是原本购买的 $n$ 瓶饮料加上用 $n$ 瓶饮料换购得到的 dringk($n$)瓶饮料，即 drink($n$) + $n$ 个。实现代码如下：

```
int drink(n)
{
    if(n < 3)
        return 0;
    else
        return drink(n % 3 + n / 3) + n / 3;
}
int main()
{
    int result, n;
    while(scanf("%d", &n)!=EOF)
    {
        result=drink(n)+n;
        printf("%d\n", result);
    }
    return 0;
}
```

同学们也可以尝试用循环的方式来解决这一问题。需要提醒的是，如果递归的层次太多，很可能会造成内存的栈溢出错误。因此，递归虽好，也需谨慎使用。

### 2.2.5 递归应用举例 3：输出全排列

时间限制：1000 ms；内存限制：32 MB。

问题描述：编写程序，输出前 $n$ 个正整数的全排列($n$<10)。

输入说明：一个整数 $n$(0<$n$<10)

输出说明：输出 1 到 $n$ 的全排列。每种排列占一行，数字间无空格。排列的输出顺序为字典序。

输入样例：

```
3
```

输出样例：

```
123
132
213
231
```

312

321

算法分析：

对 $n$ 个有序排列的数进行全排列输出，可以使用递归的方式来解决。该递归算法的核心是递归交换元素在数列中的位置，即将每个元素放到余下 $n-1$ 个元素组成的队列最前方，然后对剩余元素进行全排列，依次递归下去。

比如包含 3 个有序数的基准排列为

1 2 3

首先将 1 放到数列开头的位置(跟第 1 个元素交换)，然后对原队列中剩余的子队列 2 3 使用递归的方式进行全排列，得到结果：

1 2 3；1 3 2

其次将 2 放到最前方(跟第 1 个元素交换)，然后排列余下的 1 3，最后将 2 放回原处，得到结果：

2 1 3；2 3 1

以此类推，直到原队列中所有的数都作为输出队列的排头进行了全排列处理。

实现代码如下：

```
void swap(int list[], int i, int j)              //交换数列中元素 i 和 j 的位置
{
    int t=list[i];
    list[i]=list[j];
    list[j]=t;
}

void premutation(int list[], int m, int n)       //输出从 m 到 n 的全排列
{
    int i;
    if(m==n)                                     //递归的结束条件
    {
        for(i=0; i<=n; i++)                      //直接输出数列
            printf("%2d", list[i]);
        printf("\n");
    }
    else
    {
        for(i=m; i<=n; i++)
        {
            swap(list, m, i);                    //把第 i 个和第 m 个交换位置
            premutation(list, m+1, n);           //对剩余的子队列递归
            swap(list, m, i);                    //将第 i 个数放回原处
```

```
            }
        }
    }
    int main()
    {
        int n, L[maxn], i;
        scanf("%d", &n);
        for(i=0; i<n; i++) L[i]=i+1;
        premutation(L, 0, n-1);
        return 0;
    }
```

# 2.3 枚 举 法

## 2.3.1 枚举法的基本概念

枚举法，也称为穷举法或暴力求解法，是依赖于计算机的强大计算能力来穷尽每一种可能的情况，从而达到求解问题的目的。这种策略的效率并不高，但适用于一些没有明显规律可循，或者难以将问题分解为子问题的场合。

枚举法的本质就是从所有候选答案中搜索正确的解。枚举法在解决某些问题时，可能没有办法按一定的规律从众多的候选答案中找出正确的解，只能对所有的候选答案逐个进行判断，如果满足要求，则找到了正确答案，否则继续对下一个候选答案进行判断。

因此，在使用枚举法时，如果候选答案的集合很大，那么明确候选答案的搜索范围和搜索策略可以在一定程度上提高算法的策略，尽可能避免做大量无效的搜索。

## 2.3.2 枚举法应用举例 1：百鸡百钱

时间限制：1000 ms；内存限制：32 MB。

问题描述：用小于等于 $n$ 元去买 100 只鸡，大鸡 5 元/只，小鸡 3 元/只，还有每只 1/3 元的一种小鸡，分别记为 $x$ 只，$y$ 只，$z$ 只。编程求解 $x$，$y$，$z$ 所有可能解。

输入说明：测试数据有多组，输入 $n$。

输出说明：对于每组输入，请输出 $x$，$y$，$z$ 所有可能解，按照 $x$，$y$，$z$ 依次增大的顺序输出。

输入样例：

40

输出样例：

$x = 0$，$y = 0$，$z = 100$

$x = 0$，$y = 1$，$z = 99$

$x=0$，$y=2$，$z=98$

$x=1$，$y=0$，$z=99$

算法分析：按照枚举法的策略，首先抽象出数学模型，建立方程组，设公鸡为 $x$，母鸡为 $y$，小鸡为 $z$，则三个变量满足以下等式：

鸡：　$x+y+z=100$

钱：　$5x+3y+1/3z=100$

按照这个数学模型，可以建立一个三层的嵌套循环，依次判断每一种可能的组合是否满足等式的要求，实现代码如下：

```
#include <stdio.h>
#include <stdlib.h>
int main(){
    int n;
    float x, y, z;
    while(scanf("%d", &n)!=EOF)
    {
        for(x=0; x*5<=n; x++)
          for(y=0; y*3<=n; y++)
            for(z=100; z>=0; z--)
            if(x*5+y*3+z/3<=n&&x+y+z==100)
            printf("x=%g, y=%g, z=%g \n", x, y, z); }
    return 0;
}
```

### 2.3.3　枚举法应用举例 2：鸡兔同笼问题

时间限制：1000 ms；内存限制：65536 KB。

问题描述：鸡兔同笼，共有头 $k$ 个，脚 $n$ 只，求鸡和兔各有多少只?

输入说明：输入两个整数，其中 $k$ 代表头的个数，$n$ 代表脚的个数。

输出说明：输出鸡的数量和兔的数量。

输入样例：

17　40

输出样例

鸡有 12 只，兔有 5 只

算法分析：可以根据常识(每只鸡和兔子都有一个头，鸡有两只脚，兔子有四只脚)建立一个方程组，设有 $x$ 只鸡，$y$ 只兔子，那么就可以利用 $x$ 和 $y$ 的关系建立如下等式：

$$\begin{cases} x+y=k & \text{//鸡和兔子的头共有}k\text{个} \\ 2x+4y=n & \text{//鸡和兔子的脚共有}n\text{个} \end{cases}$$

由于鸡或者兔子的数量都不会超过 $k$ 个，假设鸡是 $x$ 个，那兔子就是 $k-x$ 个。我们可

以把 $x$ 的值依次用 0～$k$ 之间的整数值逐个代入到第二个等式中进行检验，符合等式成立条件的就是我们需要的答案，因此这道题可以使用枚举法实现。

实现代码如下：

```
#include <stdio.h>
#include <stdlib.h>
int main()
{
    int x, y, k, n;
    printf("请输入鸡兔的总头数：");
    scanf("%d", &k);
    printf("请输入鸡兔的总腿数：");
    scanf("%d", &n);
    for(x=0; x<=k; x++)
    {
        y=k-x;
        if(2*x+4*y==n)
            break;
    }
    printf("鸡的数目为%d 只\n", x);
    printf("兔的数目为%d 只\n", y);
    return 0;
}
```

这一算法采用试错法，检验所有可能的答案，直到找到使等式成立的变量的值就可以结束尝试，算法复杂度为 $O(k)$。显然，如果 $k$ 和 $n$ 的值是对的，就一定可以找到 $(x, y)$ 的值。

该问题与前面的百鸡百钱问题类似，因此同样适用枚举法。但是我们还可以找到更快的算法，如果对这道题有更深的理解，就可以列出一个更为简洁的算式。假设兔子和鸡一样只有两个腿，那么 $k$ 个头就一共有 $2k$ 只脚，$n-2k$ 就是剩下的脚，而这些脚应该是兔子多出来的脚，每个兔子多两只脚，所以兔子就有 $(n-2k)/2$ 只，鸡就不言而喻了。

根据这一算法，编写代码如下：

```
#include<stdio.h>
int main()
{
    int x, y, k, n;
    printf("请输入鸡兔的总头数：");
    scanf("%d", &k);
    printf("请输入鸡兔的总腿数：");
    scanf("%d", &n);
    y=(n-2k)/2;
    x=k-y;
```

```
        printf("鸡的数目为%d 只\n", x);
        printf("兔的数目为%d 只\n", y);
        return 0;
    }
```

显然，这是一个时间复杂度为 *O*(1)的算法，性能远远高于第一个算法。对于同样一个问题，巧妙的算法往往给人一种拍案叫绝的快乐。

### 2.3.4 枚举法应用举例 3：水仙花数

时间限制：1000 ms；内存限制：65535 KB。

问题描述：春天是鲜花的季节，水仙花就是其中最迷人的代表，数学上有个水仙花数，是这样定义的，“水仙花数”是指一个三位数，它的各位数字的立方和等于其本身，比如 $153 = 1^3 + 5^3 + 3^3$。

现在要求输出所有在 *m* 和 *n* 范围内的水仙花数。

输入说明：输入数据有多组，每组占一行，包括两个整数 *m* 和 *n*($100 \leqslant m \leqslant n \leqslant 999$)。

输出说明：对于每个测试实例，要求输出所有在给定范围内的水仙花数，就是说，输出的水仙花数必须大于等于 *m*，并且小于等于 *n*。如果有多个，则要求从小到大排列在一行内输出，其间用一个空格隔开；如果给定的范围内不存在水仙花数，则输出 no；每个测试实例的输出占一行。

输入样例：

```
100 120
300 380
```

输出样例：

```
no
370 371
```

算法分析：判断一个数是否为水仙花数，只需要将该数的每一位依次取出，计算各位数字的立方和等于其本身。因此这道题只需要对给定范围内的每一个数据依次测试就可以了，如果符合要求就输出该数；如果指定范围内一个水仙花数都没有，就输出 no。

实现代码如下：

```
#include <stdio.h>
#include <stdlib.h>
int main()
{
    int start, end, i, a, b, c, flag=0;
    while(scanf("%d%d", &start, &end)!=EOF)
    {
        flag=0; //设置一个标志变量，值为 0 则表示目前还未找到水仙花数，否则值为 1
        for(i=start; i<=end; i++)
        {
```

```
            a=i/100;
            b=(i-a*100)/10;
            c=i%10;
            if(i==a*a*a+b*b*b+c*c*c)
            {
                printf("%d ", i);
                flag=1;
            }
        }
        flag?printf("\n"):printf("no\n");
    }
    return 0;
}
```

### 2.3.5 枚举法应用举例 4：孪生素数

时间限制：1000 ms；内存限制：65535 KB。

问题描述：孪生素数也称为孪生质数、双生质数，是指一对素数，它们之间相差 2，它们之间的距离已经近得不能再近了，就像孪生兄弟一样。例如 3 和 5，5 和 7，11 和 13，10 016 957 和 10 016 959 等都是孪生素数。试求出给定区间的所有孪生素数对，按照第一个数的大小排序输出。

输入说明：多组数据，每行数据两个数 $a$，$b$，代表 $a$、$b$ 之间的区间($1 \leqslant a \leqslant b \leqslant 1\,000\,000$)

输出说明：输出区间内所有的孪生素数对。

输入样例：

```
1  20
```

输出样例：

```
3  5
5  7
11  13
17  19
```

算法分析：在指定的数据范围中寻找孪生素数。可以使用枚举法，逐一对范围内的数据进行如下判断：① 这个数是否为素数；② 这个数加 2 是不是素数？如果两个条件都满足，就说明它们是孪生素数。判断方法如下：

方法一：正向判断，凡是能被某个数整除的数都不是素数，因此用整数区间$[2, n-1]$中的数逐一去整除 $n$，如果都不能整除，则 $n$ 是素数。

方法二：反向筛选，如果有某个数 $i$，那么凡是值为 $i \times j$ 的数都不是素数，将所有这些不是素数的数标记出来，剩下的数都是素数。这种素数测试方法就是著名埃拉托色尼筛选法。它由大约公元前 240 年的希腊数学家埃拉托色尼设计的。埃拉托色尼是亚历山大城的图书馆馆长，他是第一个计算出地球直径的人。

这里采用第二种方法，实现代码如下：

```
int prime[1000001]={0};              //定义一个素数表，初始化为 0，即假定所有数都不是素数
void Primes(int n)                   //判断 n 是否为一个素数
{
    int i, j;
    prime[2]=1;                      //2 比较特殊，既是素数，又是偶数
    for(i=3; i<=n; i++)
    {
        if(i%2!=0)
            prime[i]=1;              //将所有的奇数暂时标记为素数
    }
                                     //下面只对奇数进行进一步筛选
    for(i=3; i*i<n; i+=2)
    {
        if(prime[i])                 //如果 i 是素数，则筛掉所有 i 的整数倍的数
        {
            for(j=i+i; j<=n; j+=i)
            {
                prime[j]=0;          //所有 i 的整数倍都不是素数
            }
        }
    }                                //经过筛选后，所有 prime[i]的值为 1 的都是素数
}
int main()
{
    int a, b;
    while(scanf("%d%d", &a, &b)!=EOF)
    {
        Primes(b);
        for(i=a; i<=b-2; i++)
        {
            if(prime[i]*prime[i+2])
                printf("%d %d\n", i, i+2);
        }
    }
}
```

### 2.3.6　枚举法应用举例 5：最大公约数

时间限制：1000 ms；内存限制：65535 KB。

问题描述：输入两个正整数，求其最大公约数。

输入说明：测试数据有多组，每组输入两个正整数。

输出说明：对于每组输入，请输出其最大公约数。

输入样例：

49 14

输出样例：

7

算法分析：能够整除一个整数的整数称为其的约数，比如 12 的约数有 1、2、3、4、6 和 12。如果一个数既是数 $A$ 的约数，又是数 $B$ 的约数，则称为 $A$，$B$ 的公约数。其中，公约数中值最大的那个整数被称为最大公约数。

方法一：枚举法

根据最大公约数的定义，可以使用枚举法依次找到能够同时整除两个整数的整数，并找出其中的最大值。实现代码如下：

```
int GreatestCommonDivisor(int a, int b)
{
    int temp, i;
    int largest=1;              //给最大公约数赋初值为 1
    if(a<=b)                    //保证 a 是较大数，b 是较小数
    {
        temp=a;
        a=b;
        b=temp;
    }
    if(a%b==0)                  //如果 a 能整除 b，则 a 就是最大公约数
        return b;
    for(i=2; i<b; i++)          //依次用 2～b 之间的整数测试是否能同时整除 a 和 b
    {
        if(a%i==0&&b%i==0)
            largest=i;          //当循环结束时，largest 中记录的就是最大公约数
    }
    return largest;
}
```

这个算法虽然能解决问题，但是效率较低，最差情况下的算法复杂度为 $O(\min(a, b))$。

方法二：欧几里得算法(递归法)

计算两个整数最大公约数有一个著名的算法叫辗转相除法。该算法是目前已知的最古老的算法，最早被记录在公元前 300 年前古希腊数学家欧几里得的著作《几何原本》中，所以被命名为欧几里得算法。

欧几里得算法的计算原理基于以下定义：

**定理**：两个整数的最大公约数等于其中较小的那个数和两数相除余数的最大公约数。最大公约数(Greatest Common Divisor)的缩写为 GCD，可表示为

$$\gcd(a, b) = \gcd(b, a \bmod b) \tag{2-2}$$

不妨设 $a > b$ 且 $r = a \bmod b$，$r$ 不为 0。

比如 49 和 14，49 除以 14 商 3 余 7，那么 49 和 14 的最大公约数等同于 14 和 7 的最大公约数。这样，就成功地把两个较大整数之间的运算简化成两个较小整数之间的运算。以此类推，通过逐步递归的方式，直到两个数之间可以直接整除，就可以得到最终的结果。

用递归方式实现该算法的代码如下：

```
int gcd(int a, int b){
    if(a%b == 0)                    //如果 a 能整除 b，则 a 就是最大公约数
        return b;
    return gcd(b, a%b);
}

int GreatestCommonDivisor(int a, int b){
    if(a>b)
        return gcd(a, b);
    else
        return gcd(b, a);
}
int main(){
    int a, b, result;
    scanf("%d%d", &a, &b);
    result = GreatestCommonDivisor(a, b);
    printf("%d", result);
    return 0;
}
```

递归方式的算法复杂度不是很好计算，可以近似为 $O(\log(\max(a, b)))$。

# 2.4　贪心法

## 2.4.1　贪心法的基本概念

贪婪算法是一种不追求最优解，只希望得到较为满意解的方法。贪心法在求解问题时包含一系列步骤，每一步都有一组选择，每次都选择当前最优的选项。即从问题的初始解开始，根据当前已有的信息做出选择，通过选择局部最优解的方式逐步逼近问题的目标。虽然贪心法获得的解答未必是最优解，看似“目光短浅”，但是相比较通过穷举所有可能而去找最优解的方式，贪心法的效率更高。在一些情况下，贪心法能够获得最优解的近似解。

采用贪心法求最优化问题的算法是希望通过局部最优的选择达到全局最优的选择。

通常在遇到具体问题时，往往分不清哪些问题可以用贪心算法，哪些问题不可以用贪心算法。实际上，如果问题具有两个特性：贪心选择性质和最优子结构性质，则可以用贪心算法。

(1) 贪心选择性质。贪心选择性质指原问题的整体最优解可以通过一系列局部最优的选择得到。即应用同一规则，将原问题变为一个相似的但规模更小的子问题，而后的每一步都是当前最优的选择。这种选择依赖于已做出的选择，不考虑对后续步骤的影响。因此运用贪心算法解决的问题在程序的运行过程中不需要回溯，当达到算法中的某一步不能再继续前进时，就停止算法，给出近似解。

(2) 最优子结构性质。当一个问题的最优解包含其子问题的最优解时，称此问题具有最优子结构性质。问题的最优子结构性质是该问题是否可以用贪心算法求解的关键。

### 2.4.2 贪心法应用举例 1：找零钱

时间限制：1000 ms；内存限制：32 MB。

问题描述：在超市购物，收银员找零钱时，有 10 元、5 元、2 元和 1 元四种不同的纸币可以选择，收银员需要找到一种纸币数最少的找零钱方案。

输入说明：测试数据有多组，输入 *n*。

输出说明：对于每组输入，请输出最优的找零钱方案。

输入样例：

```
43
```

输出样例：

```
10:4
5:0
2:1
1:1
```

算法分析：该问题的最优子结构是每次都选择当前小于零钱余额的最大面值的纸币，实现代码如下：

```
int main()
{
    int i, money;
    int value[4]={1, 2, 5, 10};
    int num[4]={0};                          //记录每种纸币的数量
    while(scanf("%d", &money)!=EOF)
    {
        for(i=3; i>=0; i--)
        {
            num[i]=money/value[i];
            money=money-num[i]*value[i];
```

```
        }
        for(i=3; i>=0; i--)
          printf("%d:%d\n", value[i], num[i]);
    }
    return 0;
}
```

### 2.4.3　贪心法应用举例 2：删除 *k* 位数字

时间限制：1000 ms；内存限制：32 MB。

问题描述：输入一个以字符串表示的非负整数 *n* 和一个整数 *k*，移除这个数中的 *k* 位数字后，剩下的数字按原次序排列组成一个新的数。程序计算的结果是得到一个最小的数。

提示：$1 \leqslant k \leqslant n$ 的长度$\leqslant 10^5$，除了 0 本身之外，*n* 不含任何前导零。

输入说明：第一行输入一个整数 *n*；第二行输入一个整数 *k*。

输出说明：输出一个整数。

输入样例：

```
1432219
3
```

输出样例：

```
1219
```

算法分析：

以输入 1 432 219 为例，假设 $k=1$，即只删除其中的一个数字，使得剩下的数按原顺序组合后得到的数值最小，则结果应为 132 219，即删除 4。假设 $k=2$，删除其中的两个数字，则结果应为 12219。依次类推，我们发现最优解就是从高位依次遍历每一个数位，只要发现第一个数，它大于位于其右边相邻的数，就可以删除这个数，因为删除之后高位减小。每一次选择删除一个数时，是在前一次删除操作的基础上进行的，因为留下的数总是当前最优解，而且每一次选择都是找到第一个左边大于右边的数，这符合贪心法中的最优子结构特征。在这个问题中，局部的最优解能够得到最终的全局最优解。

可以根据这个思路进行算法的设计，实现代码如下：

```
#include <stdio.h>
#include <stdlib.h>
#include <string.h>
char* removeKdigits(char* num, int k) {
    int n = strlen(num), top = 0;
    char* stk = malloc(sizeof(char)* (n + 1));
    for (int i = 0; i < n; i++) {
        while (top > 0 && stk[top] > num[i] && k) {
            top--, k--;
        }
```

```
            stk[++top] = num[i];
        }
        top -= k;
        char* ans = malloc(sizeof(char)* (n + 1));
        int ansSize = 0;
        int isLeadingZero = 1;
        for (int i = 1; i <= top; i++) {
            if (isLeadingZero && stk[i] == '0') {
                continue;
            }
            isLeadingZero = 0;
            ans[ansSize++] = stk[i];
        }
        if (ansSize == 0) {
            ans[0] = '0', ans[1] = 0;
        } else {
            ans[ansSize] = 0;
        }
        return ans;
    }
    int main() {
        char* num = NULL;
        int k;
        num = (char*)malloc(sizeof(char)* 100001);
        scanf("%s", num);
        scanf("%d", &k);
        printf("%s", removeKdigits(num, k));
      return 0;
    }
```

## 2.5 本章小结

本章介绍的分治法、递归法、枚举法和贪心法是在算法设计中常见的基本策略。其中，分治法是一种针对带求解问题层层深入逐个突破的算法设计思路，其特点是将一个大问题分解为多个小问题，而每一个分解出来的小问题都与大问题在结构和性质上保持一致。分治是一种算法设计思想，但它并不涉及具体的算法，在大多数情况下，分治都是借由递归来实现。递归就是函数调用自身的过程，其程序设计方法类似于数学归纳法，因此可以通过先找到求解公式，然后根据公式设计相应的递归程序。当求解的问题虽然没有可能的答案或者很难找到明显的结构特征，但是由于数量有限，就可以利用计算机快速的计算速度，将问题的所有可能的答案一一列举，然后根据条件判断此答案是否合适，合适就保留，不合适就丢弃，这就是枚举法的本质。贪心法是指在对问题求解时，总是做出在当前看来是最好的选择。也就是说，它不考虑整体上的最优解而是局部最优解。根据贪心法设计算法的关键是贪心策略的选择。

从本章中所举的例子可以看出，这些算法设计策略在实际应用中并不是泾渭分明，但是可以根据具体的问题灵活组合使用。

本章的知识点参见图 2-11。

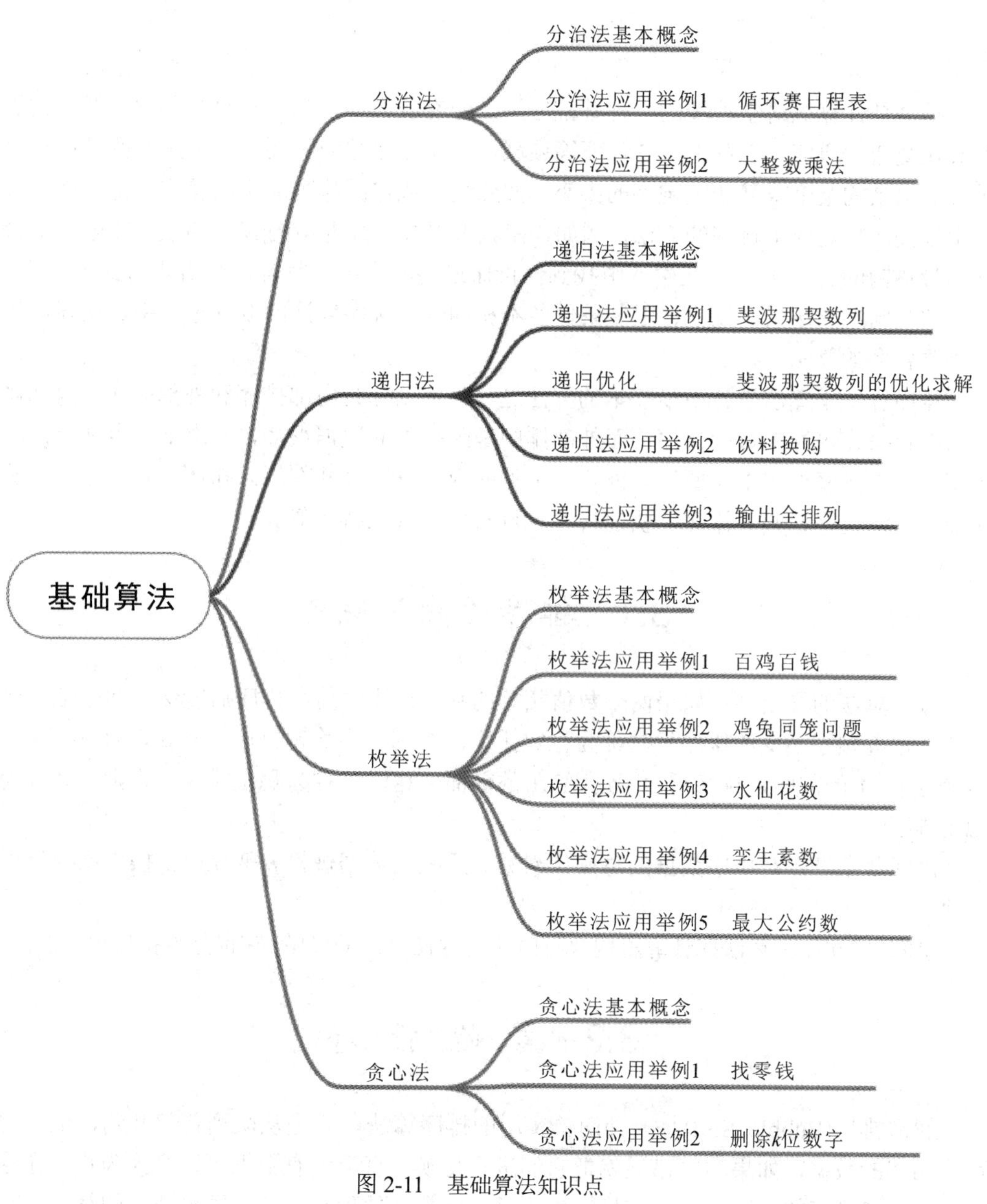


图 2-11　基础算法知识点

# 第3章 排序算法

排序是计算机科学领域的一种基础应用。而在我们的生活中，到处都存在排序问题，尤其在交通、通信、工业生产、管理等领域，排序算法尤为重要。所谓排序就是将一组纪录按照记录的某个或某些关键字的大小，按照递增或递减排列起来的操作。排序算法就是使记录按照特定要求排列的方法。例如，在城市中找到最拥堵的 $N$ 个路段，在电商平台上找出最热销的 $N$ 个商品，在生产中找到性价比最高的生产方案等，都需要用到排序算法。由于这些问题的场景、规模、限制条件各不相同，在排序算法的发展过程中，逐渐衍生出了种类繁多的算法。

排序算法是算法设计中最基本的算法之一，可以分为内部排序和外部排序。内部排序是数据记录在内存中进行排序，而外部排序是因排序的数据很多，一次不能容纳全部的排序记录，在排序过程中需要访问外存。常见的内部排序算法有插入排序、希尔排序、选择排序、冒泡排序、归并排序、快速排序、堆排序、基数排序等。

## 3.1 排序的相关概念

排序算法的稳定性：如果两个数值相等的数，在排序前和排序后能保持两个数在序列中前后位置顺序不变的排序算法称为稳定排序，否则为不稳定排序。例如，有 $A_i = A_j$，排序前 $A_i$ 在 $A_j$ 的前面，排序后 $A_i$ 仍然在 $A_j$ 的前面，这时就称为稳定排序，否则，就称为不稳定排序。

时间复杂度：对排序数据的总操作次数。反映当数据规模 $n$ 变化时，操作次数呈现的规律。

空间复杂度：指算法在计算机内执行时所需存储空间的度量，它也是数据规模 $n$ 的函数。

## 3.2 冒泡排序

冒泡排序(Bubble Sort)是一种简单实用的排序算法。它是从队列首部开始，依次比较两个相邻的数据，如果顺序错误就把它们进行交换，直至没有数据可以交换为止。在这个过程中，待排序的元素会经由交换慢慢“浮”到数列的顶端，就如同水池中的气泡最终会上浮到顶端一样，故名“冒泡”排序。

在使用冒泡排序时，首先应确定是进行升序排序还是降序排序。升序排序就是将待排列的数据按照从小到大的顺序排序。在升序排序过程中，需要将较大的数向后“沉”，而将较小的数向前“冒”。降序排序则正好相反，它是将待排列的数据按照从大到小的顺序排序，需要将较小的数向后“沉”，而将较大的数向前“冒”。

### 3.2.1 冒泡排序算法描述

第 1 步：比较相邻的元素。如果第一个比第二个大，就交换它们两个。

第 2 步：对每一对相邻元素做同样的操作，从开始第一对到结尾的最后一对。这步做完后，最后的元素会是最大的数。

第 3 步：针对所有的元素重复以上步骤，除了最后一个。

第 4 步：持续每次对越来越少的元素重复步骤 1～3，直到没有任何一对数字需要比较。

将序列“5，4，3，2，1”变成升序“1，2，3，4，5”的“冒泡排序”的示意图如图 3-1 所示，从图中可以看出，随着“5”逐渐“沉”下去，“1”逐渐“冒”了上来。重复沉“4”“3”“2”，“1”会冒到最顶上。

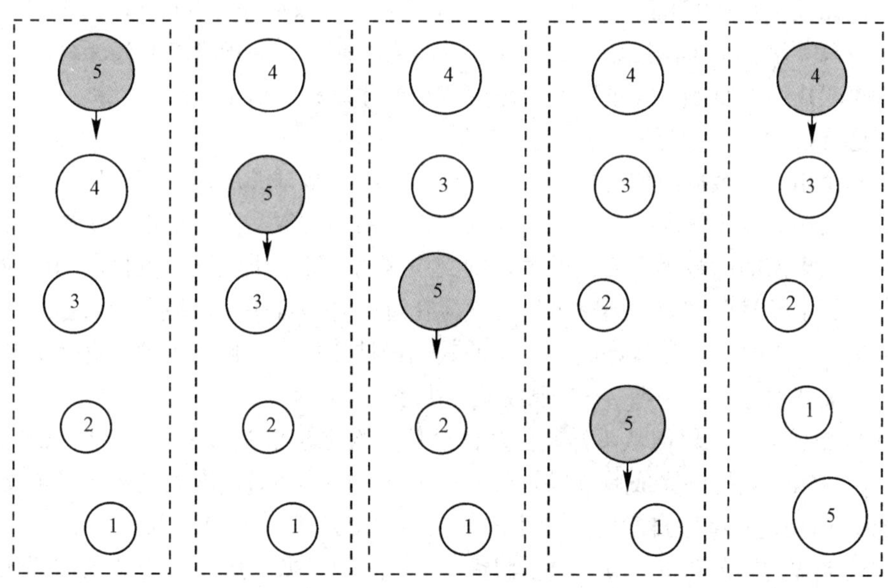


图 3-1　冒泡排序原理示意图

以原始待排序序列[10, 1, 35, 61, 0]为例，采用冒泡排序法对其进行升序排序，给出手工排序过程。

问题分析：原数据中有 5 个数，采用冒泡法对其进行排序，需要进行 4 轮比较。每一轮，均需要从头开始，对相邻的两个数进行比较。另外，由于需要进行升序排序，所以在对相邻的数进行比较时，如果前面的数大于后面的数，则进行交换，否则，不进行交换。

具体过程如下：

(1) 第一轮。

第一次比较：10 和 1 比较，10 大于 1，交换位置。比较后序列为[1, 10, 35, 61, 0]。

第二次比较：10 和 35 比较，10 小于 35，不交换位置。比较后序列为[1, 10, 35, 61, 0]。

第三次比较：35 和 61 比较，35 小于 61，不交换位置。比较后序列为[1, 10, 35, 61, 0]。

第四次比较：61 和 0 比较，61 大于 0，交换位置。比较后序列为[1, 10, 35, 0, 61]。

第一轮总共进行了 4 次比较，交换了 2 次位置，排序结果[1, 10, 35, 0, 61]。

(2) 第二轮。

第一次比较：1 和 10 比较，1 小于 10，不交换位置。比较后序列为[1, 10, 35, 0, 61]。

第二次比较：10 和 35 比较，10 小于 35，不交换位置。比较后序列为[1, 10, 35, 0, 61]。

第三次比较：35 和 0 比较，35 大于 0，交换位置。比较后序列为[1, 10, 0, 35, 61]。

第二轮总共进行了 3 次比较，交换了 1 次位置，排序结果[1, 10, 0, 35, 61]。

(3) 第三轮。

第一次比较：1 和 10 比较，1 小于 10，不交换位置。比较后序列为[1, 10, 0, 35, 61]

第二次比较：10 和 0 比较，10 大于 0，交换位置。比较后序列为[1, 0, 10, 35, 61]

第三轮总共进行了 2 次比较，交换了 1 次位置，排序结果[1, 0, 10, 35, 61]。

(4) 第四轮。

第一次比较：1 和 0 比较，1 大于 0，交换位置。比较后序列为[0, 1, 10, 35, 61]

第四轮总共进行了 1 次比较，交换了 1 次位置，排序结果[0, 1, 10, 35, 61]。

经过 4 轮排序，原序列经过冒泡排序变成了升序序列。这个方法可以推广到对任意长度的序列进行排序。

对于一个由 $n$ 个数据组成的序列，在排序时，按照数据顺序，从前至后依次比较相邻的两个数。当进行升序排序时，如果前面的数大于后面的数，则交换这两个数；当进行降序排序时，如果前面的数小于后面的数，则交换这两个数。重复这个过程，当比较完最后一个数时，第 1 轮排序结束。此时可以发现，在进行升序排序时，最大的数已经被交换到最后一个数，而在进行降序排序时，最小的数已经被交换到最后一个数。这就意味着，在下一轮，只需要对原序列中前 $n-1$ 个数进行排序就可以了。

进行第 2 轮排序，仍需从头开始，从前至后依次比较相邻的两个数，直至前 $n-1$ 个数比较完毕。第 2 轮排序完成后可以发现，在进行升序排序时，次大的数已经被交换成第 $n-1$ 个数，而在进行降序排序时，次小的数已经被交换成第 $n-1$ 个数。

按照这个方式还需要进行 $n-1$ 轮排序。在这个过程中，对于第 $i$ 轮，仅需要比较数据序列的前 $n-i+1$ 个数。到第 $n-1$ 轮，即最后 1 轮时，只需要比较最前面的两个数的大小并决定是否进行交换，算法就结束了。

### 3.2.2 冒泡排序程序实现举例

**【例 3.1】** 冒泡排序。

时间限制：1000 ms；内存限制：32 MB。

问题描述：编写一个程序：从键盘上输入整数个数 $n(n<255)$，按照冒泡排序的思想，对 $n$ 个整数进行升序排序，最后输出排序结果。

输入说明：输入的数据之间空一格，最后一个回车。

输出说明：打印输出时数据之间空一格。

输入样例：

9 8 7 6 5 4 3 2 1 0

输出样例：

0 1 2 3 4 5 6 7 8 9

问题分析：首先需要建立一个 int 类型的数组 arr 存储待排序数据，然后利用冒泡排序对数组中的数据进行排序。如果是 n 个数排序，共需要进行 n－1 轮排序，可通过建立一个循环结构实现。设置一个循环控制变量 i，通过控制变量 i 实现 n－1 轮排序。令 i＝1 作为循环的初始条件，用“i<= n－1”作为循环控制表达式，用“i++”作为循环控制变量的改变。循环体完成数组的每轮排序比较。循环语句如下：

```
for (i=1; i<=n-1; i++)
{
    //每轮比较的程序代码
}
```

每轮排序是数组的前后两个元素的大小比较，也需要建立一个循环结构。每轮需要比较的次数也是有规律的，例如，第 1 轮需要比较 n－1 次，比较到第 n 个数(数组 arr 的最后一个元素序号是 n－1)结束，即“arr[n－2]”与“arr[n－1]”比较。第 i 轮需要比较 n－i 次，比较到第 n－i＋1 个数时，即“arr[n－i－1]”与“arr[n－i]”比较。第 n－1 轮需要比较 1 次，比较到第 2 个数时，即“arr[0]”和“arr[1]”比较。设置每轮比较的循环控制变量 j，令 j＝0 作为循环的初始条件，因为数组的第一个元素的序号是 0。用“j < n－i”作为循环控制表达式，但这个条件表达式并不是唯一的，因此要注意访问数组元素时不要越界访问。用“j++”作为循环控制变量的改变。循环体即可完成数组 arr 前后两个元素的比较。循环语句如下：

```
int temp;
for (j=0; j<n-i; j++)
{
    if (arr[j]>arr[j+1])
    {
        temp=arr[j];
        arr[j]=arr[j+1];
        arr[j+1]=temp;
    }
}
```

也可以设置控制变量 j 的初始值是 1，但是循环控制条件表达式与循环体中的代码也要做相应的修改，循环语句如下：

```
int temp;
for (j=1; j<=n-i; j++)
{
```

```
        if (arr[j-1]>arr[j])
        {
            temp=arr[j-1];
            arr[j-1]=arr[j];
            arr[j]=temp;
        }
    }
```

将外层循环与内存循环嵌套在一起就可以完成冒泡排序程序。设计函数 bubbleSort 实现冒泡排序算法，它的输入数据是待排序数组名和待排序数据的个数。

程序代码如下：

```
#include <stdio.h>
#define MAX_LEN 255                          //设置数组的长度是 255
void bubbleSort(int arr[], int n)
{
    int temp;
    int i, j;
    for(i=1; i<=n-1; i++)                    //i 为比较的轮次，从 1 开始
        for(j=0; j<n-i; j++)                 //第 i 轮只需要比较前 n-i+1 个数据
            if(arr[j]>arr[j+1])              //如果前面元素小于后面元素则交换
            {
                temp=arr[j];                 //交换元素 arr[j]和 arr[j+1]
                arr[j]=arr[j+1];
                arr[j+1]=temp;
            }
}
int main()
{
    int arr[MAX_LEN], n, i;
    printf("请输入排序数据的个数：\n");      //提示信息
    scanf("%d", &n);                         //输入待排序数据的个数
    printf("请输入待排序数据：\n");          //提示信息
    for(i=0; i<n; i++)
        scanf("%d", &arr[i]);                //输入待排序数据
    bubbleSort(arr, n);                      //调用冒泡排序函数
    printf("升序排序后的数据：\n");          //提示信息
    for(i=0; i<n; i++)
        printf("%d ", arr[i]);               //显示排序后的数据序列
    putchar('\n');
```

```
    return 0;
}
```

在冒泡排序程序中用到了选择、循环、函数、数组等知识点，在 main 函数里定义 arr 数组，用来存放待排序的数据。通过一个 for 循环语句，利用 scanf 语句将所有待排数据读入数组，然后利用 bubbleSort 函数对数组进行排序操作。bubbleSort 函数包括两个参数，一个为数组地址，另一个为数组长度。我们知道利用数组名传递参数，相当于利用指针在被调函数内访问主调函数内的数组元素。在程序中 bubbleSort 函数利用一个双重循环来实现，在内循环中利用分支语句对相邻数组元素的数值进行比较，对不满足排序规则的数组元素的数值进行交换。

程序的运行结果如图 3-2 所示。

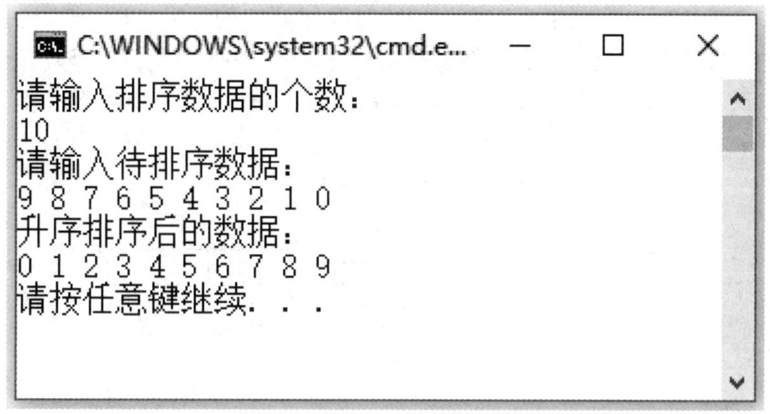


图 3-2　冒泡排序程序的运行结果

### 3.2.3　冒泡排序算法分析

冒泡排序程序使用了两层循环嵌套，外层循环称为遍历。例如，第一轮遍历就是外层循环的第一次迭代。在每次内层循环的迭代过程中，对列表中剩余的未排序元素进行排序，直到最高值冒泡到最后为止。第一轮遍历将进行 $n-1$ 次比较，第二轮遍历将进行 $n-2$ 次比较，而每轮后续遍历将比前一轮减少一次比较操作。当待排序序列是有序的时(最好情况)，比较次数为 $n-1$ 次，没有数据交换，此时时间复杂度为 $O(n)$；当待排序序列是逆序的时(最坏的情况)，当初始序列从大到小逆序时，需要进行 $n-1$ 轮排序，进行 $n(n-1)/2$ 次比较和交换，此时的时间复杂度为 $O(n^2)$。

空间复杂度：冒泡排序只需要一个临时变量来交换数据，所以空间复杂度为 $O(1)$。

## 3.3　选 择 排 序

选择排序(Selection Sort)是一种简单直观的排序算法。它的基本思想：首先在待排序序列中找到最小(大)元素，存放到排序序列的起始位置，然后从剩余未排序元素中继续寻找最小(大)元素，放到已排序序列的末尾。以此类推，直到所有元素均排序完毕。

### 3.3.1 选择排序算法描述

$n$ 个记录的选择排序可经过 $n-1$ 轮选择排序得到有序结果。具体算法描述如下：

第 1 步：待排序序列为 $R[1..n]$，有序序列为空。

第 2 步：第 $i$ 轮排序($i = 1, 2, 3, \ldots, n-1$)开始时，当前有序序列和无序序列(待排序列)分别为 $R[1..i-1]$和 $R(i..n)$。该轮排序从当前无序序列中选出关键字最小的记录 $R[k]$，并将它与无序序列的第 1 个记录 $R$ 交换，使 $R[1..i]$和 $R(i+1..n)$分别变为记录个数增加 1 个的新有序序列和记录个数减少 1 个的新无序序列。

第 3 步：$n-1$ 轮排序结束，数组有序了。

将序列“53，64，28，72，1”变成升序“1，28，53，64，72”的“选择排序”的第一轮操作如图 3-3 所示。从图中可以看出，待排序序列中的元素“1”被“选择”出来与数组下标为 0 的元素“53”交换位置，然后在待排序序列“64，28，72，53”中继续“选择”最小的元素“28”与数组下标为 1 的元素“64”交换位置，重复相同的操作，直至待排序序列完全有序。

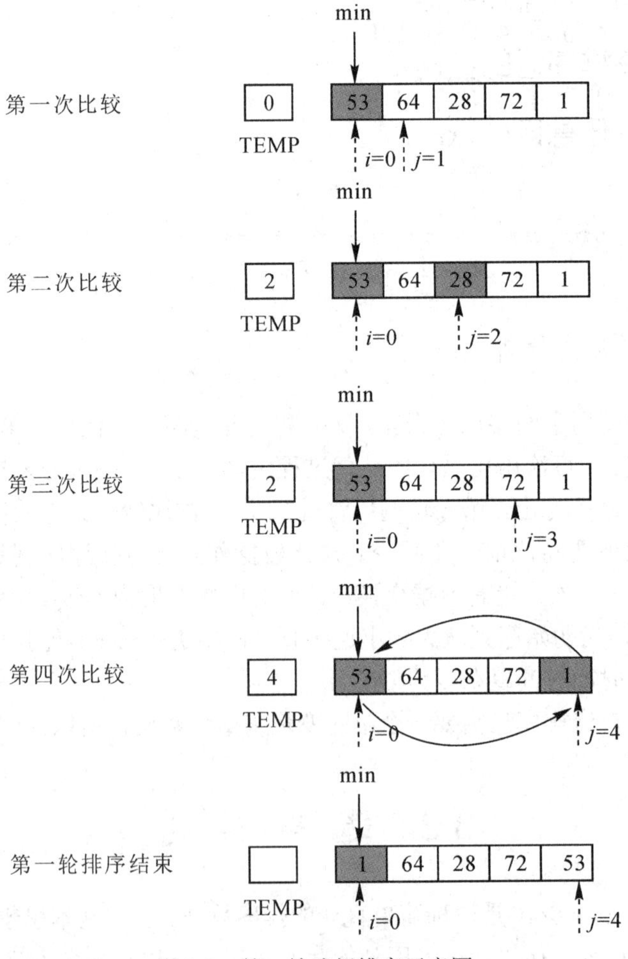


图 3-3 第一轮选择排序示意图

【例 3.2】 原始待排序序列[10, 1, 35, 61, 0]，采用选择排序对其进行升序排序，并给出手工排序过程。

问题分析：原始待排序序列中有 5 个元素，采用选择法对其进行排序，需要进行 4 轮比较。实现流程是：每一轮从待排序序列中选择第一个元素与下一个元素比较，如果前面的数大于后面的数，则把较小数的下标 $j$ 记录下来，temp = $j$，否则，不记录；然后再用 min[temp]与剩下的元素比较，如果比 min[temp]要小，就记录下标，否则寻找下一个比 min[temp]小的元素，直至最后一个元素 min[$n-1$]，最后交换 min[0]和 min[temp]的值。

具体实现过程如下：

(1) 第一轮，$i = 0$。

第一次比较：选 10 和 1 比较，10 大于 1，把元素 10 的下标 1 记录下来，即 temp=1。

第二次比较：选 1 和 35 比较，1 小于 35，不记录下标。

第三次比较：选 1 和 61 比较，1 小于 61，不记录下标。

第四次比较：选 1 和 0 比较，1 大于 0，把元素 0 的下标 4 记录下来，即 temp=4。交换 min[4]和 min[0]的值。

第一轮总共进行了 4 次比较，记录了 2 次数据的位置，排序结果：[0, 1, 35, 61, 10]。

(2) 第二轮，$i = 1$。

第一次比较：选 1 和 35 比较，1 小于 35，不记录下标。

第二次比较：选 1 和 61 比较，1 小于 61，不记录下标。

第三次比较：选 1 和 10 比较，1 小于 10，不记录下标。

第二轮总共进行了 3 次比较，没有记录下标，排序结果：[0, 1, 35, 61, 10]。

(3) 第三轮，$i = 2$。

第一次比较：选 35 和 61 比较，35 小于 61，不记录下标。

第二次比较：选 35 和 10 比较，35 大于 10，记录下标，即 temp=4。交换 min[4]和 min[2]的值。

第三轮总共进行了 2 次比较，记录了 1 次数据的位置，排序结果：[0, 1, 10, 61, 35]。

(4) 第四轮，$i = 3$。

第一次比较：选 61 和 35 比较，61 大于 35，记录下标，即 temp=4。交换 min[4]和 min[3]的值。

第四轮总共进行了 1 次比较，记录了 1 次数据的位置，排序结果：[0, 1, 10, 35, 61]。

至此排序结束，待排序序列经过选择排序变成了升序序列。本示例是对 5 个数的序列进行排序，它可以推广到对任意长度的序列进行排序。

### 3.3.2 选择排序算法实现举例

【例 3.3】 选择排序。

时间限制：1000 ms；内存限制：32 MB。

问题描述：编写一个算法实现选择排序，并将乱序数列变成升序数列。

输入说明：第一行输入数据元素的个数，第二行为待排序的数据元素，输入的数据之间空一格，最后一个回车。

输出说明：打印输出时数据之间空一格，尾数后没有空格。

输入样例：

10

7 1 4 6 8 9 5 2 3 10

输出样例：

1 2 3 4 5 6 7 8 9 10

问题分析：

根据题意和选择排序的基本思想，可以定义变量 $n$ 存储待排序的元素个数，然后根据第一行输入的数值 $n$ 动态分配存储空间大小 arr = (int*)malloc(sizeof(int)*n)，而在选择排序的过程中，在每一轮排序中找到数值最小的元素，并临时存储在 minIdx 中，直到本轮循环结束后把数值最小的元素“放”到 arr[i]的位置。核心代码如下：

```
for(int i=0; i<n-1; i++){
    int minIdx=i;
    for(int j=i+1; j<n; j++){
        if(arr[minIdx]>arr[j]){
            minIdx = j;
        }
    }
    {
        temp=arr[minIdx];
        arr[minIdx]=arr[i];
        arr[i]=temp;
    }
}
```

具体参考代码如下：

```
#include <stdio.h>
#include <stdlib.h>
void print_array(int* arr, int n)
{
    int i;
    if(n==0)
        return;
    printf("%d ", arr[0]);
    for(i=1; i<n-1; i++){
        printf("%d ", arr[i]);
    }
    printf("%d\n", arr[i]);                //单独处理最后一个元素后的空格问题
```

```
}
void sort_array(int *arr, int n)
{
    int temp;
    for(int i=0; i<n-1; i++){
        int minIdx=i;
        for(int j=i+1; j<n; j++){
            if(arr[minIdx]>arr[j]){
                minIdx = j;
            }
        }
        {    temp=arr[minIdx];                    //arr[i]和 arr[minIdx]交换
             arr[minIdx]=arr[i];
             arr[i]=temp;
        }
    }
    print_array(arr, n);
}
int main()
{
    int n;
    scanf("%d", &n);
    int* arr;
    arr=(int*)malloc(sizeof(int)*n);              //根据输入值 n 动态分配数组空间
    for(int i=0; i<n; i++){
        scanf("%d", &arr[i]);
    }
    sort_array(arr,   n);
    return 0;
}
```

### 3.3.3 选择排序算法分析

选择排序是一种简单直观的排序算法，无论待排序序列是正序还是逆序，每一轮的最小(最大)值都需要比较到最后才能确定，那么，最坏情况和最好情况下都需要比较 $n-1$ 次，再加上遍历整个序列的 $O(n)$，总的复杂度为 $O(n^2)$，平均复杂度也是 $O(n^2)$。所以，选择排序比较适合数据规模不大的情况。

空间复杂度方面，选择排序只需要一个额外空间用来存放“临时最小值”，除此之外，不占用额外的内存，所以空间复杂度为 $O(1)$，同时，选择排序是不稳定排序。

# 3.4 插入排序

插入排序(Insertion Sort)是一种简单直观的排序算法，其工作原理是将未排好序的元素一个个地插入到已排好序(开始时为空)的序列中，插入时，需要与已排好序的元素进行多次比较，直到找到合适(比前一个元素大，比后一个元素小或者比前一个元素小，比后一个元素大)的位置插入，而原来已排好序的部分元素可能需要进行后移操作，最后形成有序序列。

## 3.4.1 插入排序算法描述

一般来说，插入排序都采用 in-place[①]在数组上实现。具体算法描述如下：

第 1 步：从第一个元素开始，此时，只有一个元素，该元素可以看作已排序；

第 2 步：取出下一个元素，在已经排序的元素序列中从后向前扫描；

第 3 步：如果该元素(已排序)大于新元素，将该元素移到下(后移)一位置；

第 4 步：重复第 3 步，直到找到已排序的元素小于或者等于新元素的位置；

第 5 步：将新元素插入到该位置后；

第 6 步：重复第 2～5 步，直到序列有序。

将序列“5，4，3，2，1”变成升序“1，2，3，4，5”的“插入排序”的操作如图 3-4 所示。

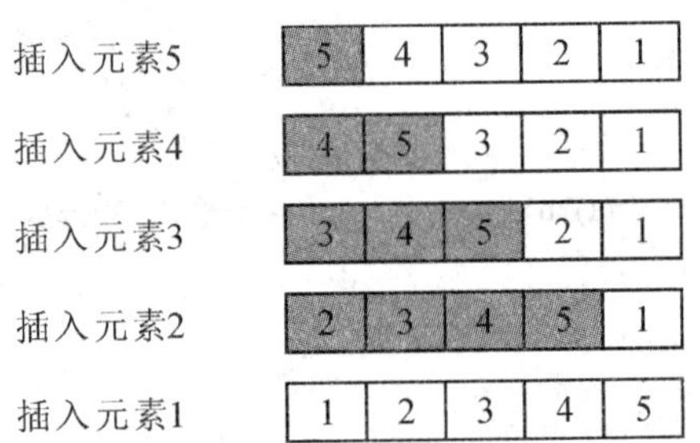


图 3-4　插入排序示意图

**【例 3.4】** 原始待排序序列为[10, 1, 35, 61, 0]，采用插入排序进行升序排序，并给出排序过程。

问题分析：原始待排序序列中有 5 个元素，采用插入法对其进行排序，需要进行 4 轮比较。实现流程是：从待排序序列中取第一个元素 10 放置在 array[0]，然后从待排序序列中取下一个元素 1，如果该数大于已排序序列的最后一个元素，则该元素插到已排序序列的后面，否则，已排序序列的最后一个元素向后移动一个位置，并且新插入的元

① in-place，在计算机科学中，一个原地算法(in-place algorithm)基本上不需要额外辅助的数据结构，但允许少量额外的辅助变量来转换数据的算法。当算法运行时，输入的数据通常会被要输出的部分覆盖掉。不是原地算法有时候称为非原地(not-in- place)或不得其所(out-place)。——摘自维基百科

素继续向前逐个与已排序序列中的元素进行比较，一直到找到比新插入元素值小的数或者新插入的元素比 array[0]都小时插入新元素，重复以上过程，直到所有序列有序。具体操作过程如下：

取元素 10，存储在空数组中，已排序序列为：[10]。

第 1 轮：取元素 1，1 和 10 比较，1 小于 10，10 向后移动一个位置，已排序序列为：[1, 10]。

第 2 轮：取元素 35，35 和 10 比较，35 大于 10，插到 10 的后面，已排序序列为：[1, 10, 35]。

第 3 轮：取元素 61，61 和 35 比较，61 大于 35，插到 35 的后面，已排序序列为：[1, 10, 35, 61]。

第 4 轮：取元素 0，0 和 61 比较，0 小于 61，61 向后移动一个位置；0 和 35 比较，0 小于 35，35 向后移动一个位置；0 和 10 比较，0 小于 10，10 向后移动一个位置；0 和 1 比较，0 小于 1，1 向后移动一个位置，0 插入到 1 的前面。此时，序列已经是有序序列：[0, 1, 10, 35, 61]。

从整个操作过程可知，5 个元素的排序进行了 4 轮总共 7 次比较，如果 $n$ 个元素的待排序序列正好是最坏的情况——逆序，那么插入排序将进行 $n-1$ 轮总共 $n \times (n-1)/2$ 次比较。

所以，最坏情况下，插入排序的时间复杂度为 $O(n^2)$。插入排序适合用在小型数据集上，对于较大的数据集，由于其平均性能为 $O(n^2)$，不建议使用插入排序。

## 3.4.2 插入排序算法实现举例

**【例 3.5】** 插入排序。

时间限制：1000 ms；内存限制：32 MB。

问题描述：实现插入排序算法，并将乱序数列变成升序数列。

输入说明：第一行输入数据元素的个数，第二行为待排序的数据元素，输入的数据之间空一格，最后一个回车。

输出说明：打印输出时数据之间空一格，尾数后没有空格。

输入样例：

```
10
23 84 68 15 47 3 2 71 4 50
```

输出样例：

```
2 3 4 15 23 47 68 50 71 84
```

算法分析：首先定义两个变量 $i$ 和 $j$ 分别控制外层循环和内层循环，然后依次取出待排序序列中的各个元素存储在 val 中，用 val 与待排序序列中元素 arr[$j$]比较，直到找到 val 的“位置”，经过 $n-1$ 轮排序即可得到有序序列。插入排序核心参考代码如下：

```
void sort_array(int* arr, int n)
{
```

```
        for (int i=1; i<n; i++){
            int val=arr[i];
            for(int j=i-1; j>=0; j--){
                if(val<arr[j]){                 //待插入的元素小于当前元素的值
                    arr[j+1] = arr[j];          //当前元素向后移动一个位置
                    arr[j] = val;
                }
                else{
                    break;
                }
            }
        }
    }
```

### 3.4.3 插入排序算法分析

空间复杂度：插入排序在实现上，一般采用 in-place 在数组上实现，即只需用到 $O(1)$ 的额外空间，因而在从后向前扫描过程中，需要反复把已排序元素逐步向后挪位，为最新元素提供插入空间。

时间复杂度：最坏情况下，当待排序序列正好为逆序状态，首先遍历整个序列，然后一个个地将待插入元素放在已排序的序列最前面，之后的所有元素都需向后移动一位，所以比较和移动的时间复杂度都是 $O(n)$，再加上遍历整个序列的复杂度，总时间复杂度为 $O(n^2)$。

最好情况下，当待排序序列正好为正序状态，遍历完整个序列，在插入元素时，只比较一次就可以了，所以时间复杂度为 $O(n)$。

平均情况下，当被插入的元素放在已排序的序列中间位置时，比较和移动的时间复杂度均为 $O(n)$，所以总的时间复杂度依然为 $O(n^2)$。

稳定性：插入排序的比较是从有序序列的末尾开始，也就是想让插入的元素和已经有序的最大者开始比起，如果比它大则直接插入在其后面，否则一直往前找直到找到它该插入的位置。如果遇见一个和插入元素值相等的，那么插入元素把想插入的元素放在相等元素的后面。值相等元素的前后顺序没有改变，所以插入排序是稳定的。

## 3.5 归并排序

归并排序(Merge Sort)是建立在归并操作上的一种有效的排序算法，其基本思想是将已有序的子序列合并，得到完全有序的序列，即先使每个子序列有序，再使子序列段间有序。将两个有序表合并成一个有序表，称为 2-路归并。

归并排序算法是基于分治策略而设计的。在被称为划分的第一阶段中，算法将数据递归分成两部分，直到数据的规模小于定义的阈值。在被称为归并的第二阶段中，算法不断进行归并和处理，直到得到最终结果。

### 3.5.1 归并排序算法描述

第1步：把长度为 $n$ 的输入序列分成两个长度为 $n/2$ 的子序列；

第2步：对这两个子序列分别采用归并排序；

第3步：将两个排序好的子序列合并成一个最终的排序序列。

将待排序序列[25, 6, 93, 17, 41, 86, 32, 79, 58]排成升序序列[6, 17, 25, 32, 41, 58, 79, 86, 93]的归并操作如图3-5所示。

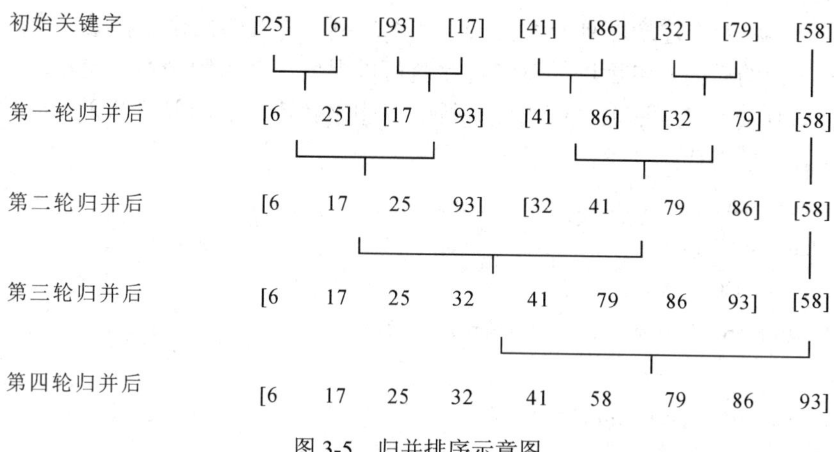


图3-5 归并排序示意图

**【例3.6】** 原始待排序序列为[10, 1, 35, 61, 0]，采用归并排序对其进行升序排序，并给出排序过程。

问题分析：原始待排序序列中有5个元素，采用归并法进行排序，需要进行3轮归并。每一轮归并在子序列内部进行一次直接插入排序。

具体实现过程如下：

初始状态：10, 1, 35, 61, 0

第一次归并后：{1, 10}, {35, 61}, {0}，比较次数：2；

第二次归并后：{1, 10, 35, 61}, {0}，比较次数：3；

第三次归并后：{0, 1, 10, 35, 61}，比较次数：4。

总的比较次数：2 + 3 + 4 = 9。

### 3.5.2 归并排序算法实现举例

**【例3.7】** 合并两个序列。

时间限制：1000 ms；内存限制：32 MB。

问题描述：输入两个递增的序列，输出合并这两个序列后的递增序列。

输入说明：每个测试案例包括3行：

第一行为 1 个整数 $n(1\leqslant n\leqslant 1\,000\,000)$，表示这两个递增序列的长度。

第二行包含 $n$ 个整数，表示第一个递增序列。

第三行包含 $n$ 个整数，表示第二个递增序列。

输出说明：对应每个测试案例，输出合并这两个序列后的递增序列。

输入样例：

4

1 3 5 7

2 4 6 8

输出样例：

1 2 3 4 5 6 7 8

算法分析：将两个递增序列合并为一个递增序列，常规的操作是将第二个递增追加到第一个递增序列的后面，然后进行冒泡排序就可以得到一个递增序列。但是，当问题规模增大时，时间复杂度急剧增加，可用归并排序思想来解决。因归并算法采用分治的策略，性能大大提升。参考代码如下：

```
#include <stdio.h>
#include <stdlib.h>
#define N 100000
int* merge_array(int* arr1, int n1, int* arr2, int n2){
    int* arr
    = (int*)malloc(sizeof(int)*(n1+n2));
    int p = 0;
    int p1 = 0;
    int p2 = 0;
    while (p1<n1||p2<n2){
        if(p1<n1 && p2<n2){
            if (arr1[p1]<arr2[p2]){              // 自上而下的递归方法
                arr[p++] = arr1[p1++];           //使得这两个数组各自是有序的
            }
            else {                               // 选择较小的数组给 arr
                arr[p++] = arr2[p2++];
            }
        }
        else if(p1<n1){
            arr[p++] = arr1[p1++];
        }
        else if(p2<n2){
            arr[p++] = arr2[p2++];
        }
```

```
    }
    return arr;
}
int* merge_sort(int* arr, int n)
{
    if(n==1){
        return arr;
    }
    int m = n/2;
    int* arr1 = (int*)malloc(sizeof(int)*(m));
    int* arr2 = (int* )malloc(sizeof(int)*(n-m));
    for (int i=0, j=0; i<m; i++, j++){                  // 左半边数组给 arr1
        arr1[j] = arr[i];
    }
    for (int i=m, j=0; i<n; i++, j++){                  // 右半边数组给 arr2
        arr2[j] = arr[i];
    }
    arr1 = merge_sort(arr1, m);                         // 递归子数组
    arr2 = merge_sort(arr2, n-m);
    return   merge_array(arr1, m, arr2, n-m);           // 合并子数组
}
int main()
{
    int a[N], b[N];
    int* arr;
    int n, i, j;
    while(scanf("%d", &n)!=EOF){
        arr = (int*)malloc(sizeof(int)*n);
        for(i=0; i<n; i++)
            scanf("%d", &a[i]);
        j=i;
        for(i=0; i<n; i++)
            scanf("%d", &b[i]);
        for(i=0; i<n; i++)
            a[j+i]=b[i];
        arr=merge_sort(a, 2*n);
        printf("%d", arr[0]);
        for (int i=1; i<2*n; i++)
```

```
            printf(" %d", arr[i]);
        printf("\n");
    }
    return 0;
}
```

### 3.5.3 归并排序算法分析

归并排序和选择排序一样，其性能不受输入数据的影响。归并排序的性能比选择排序的性能大大提升，因为其时间复杂度一直为 $O(n\log n)$，但是带来的代价是需要额外的内存空间。

时间复杂度：归并排序的时间主要消耗在划分序列和合并序列上，由于采用递归方式进行合并，如果集合长度为 $n$，那么划分的层数就是 $\log n$，每一层进行归并操作的运算量是 $n$。所以，归并排序的时间复杂度等于每一层的运算量 × 层级数，即 $O(n\log n)$，而且不管元素是否是基本有序都需要进行类似操作，所以该算法的最优时间复杂度和最差时间复杂度及平均时间复杂度都相同。

空间复杂度：归并排序算法实现需要用到额外空间，但是每次归并所创建的额外空间都会随着单次算法结束而释放，因此单次归并操作开辟的最大空间是 $n$。所以，归并排序的空间复杂度是 $O(n)$。归并排序是稳定排序算法。

## 3.6 快速排序

快速排序(Quick Sort)和冒泡排序一样，也是交换类排序方法。快速排序的基本思想是通过一轮排序将待排记录分隔成独立的两部分，其中一部分记录的关键字均比另一部分的关键字小，再分别对这两部分记录继续进行排序，最终使得整个序列有序。

### 3.6.1 快速排序算法描述

快速排序使用分治法把一个序列分为两个子序列。

具体算法描述如下：

第 1 步：从数列中挑出一个元素，称为“基准”(pivot)；

第 2 步：将比基准值小的元素集中在基准左边(或者右边)，比基准值大的元素集中在基准的右边(或者左边，相同的数可以放到任一边)。在这个分区操作完成后，该基准就处于数列的中间位置，这个称为分区(partition)操作；

第 3 步：采用递归(Recursive)思想对小于基准值元素的子数列和大于基准值元素的子数列排序进行快速排序。

第 4 步：重复以上过程，直到序列有序。

将待排序序列[59, 16, 83, 97, 21, 45, 3, 74, 68]排成升序序列[3, 16, 21, 45, 59, 68, 74, 83, 97]的快速排序的第一轮操作如图 3-6 所示。

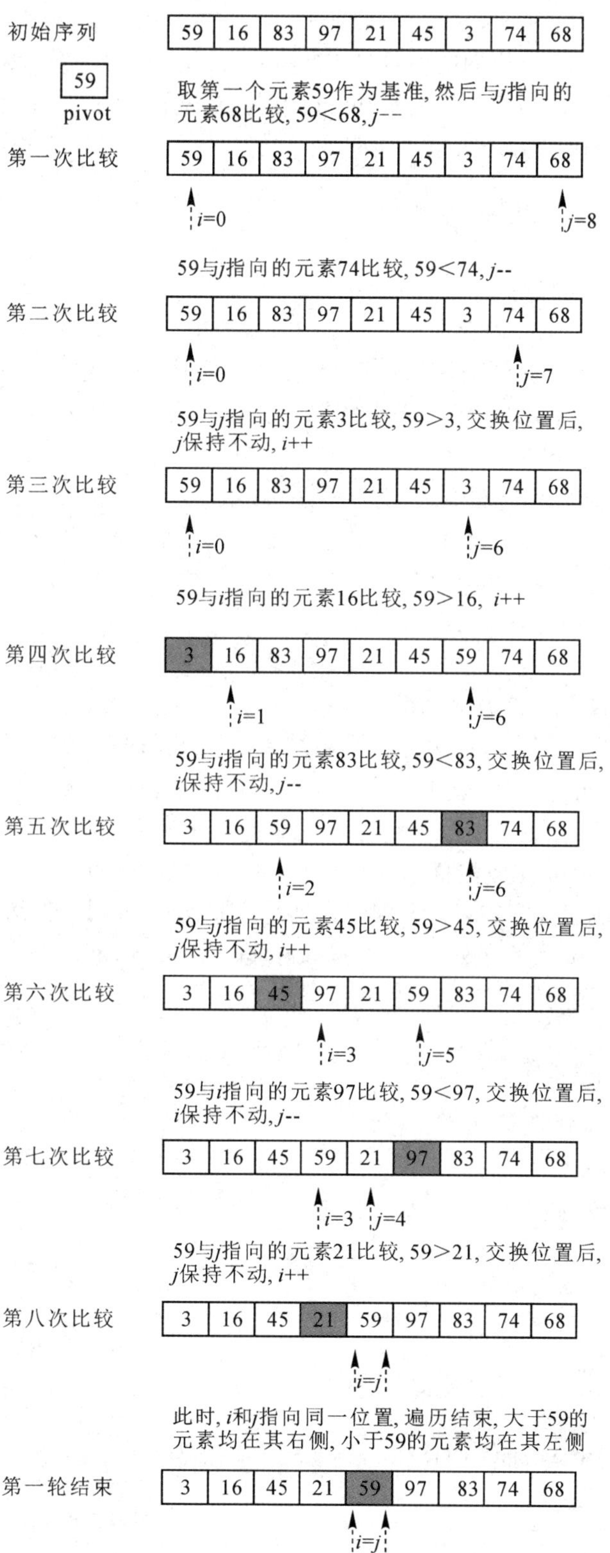


图 3-6　快速排序的第一轮操作示意图

快速排序遍历开始时，从后面 *j* 往前遍历，当元素值大于 pivot 时 *j*--；元素值小于 pivot 时，*j* 保持不变，并且将 *j* 指向的值替换 *i* 指向的值，*i*++；这时，*i* 从前往后遍历，元素值小于 pivot 值时就 *i*++；当元素值大于 pivot 值时，*i* 不变，并且将 *i* 指向的值替换 *j* 指向的值，*j*--。这样交替进行，直到 *i* 和 *j* 指向同一位置。

## 3.6.2 快速排序算法实现举例

**【例 3.8】** 快速排序。

时间限制：1000 ms；内存限制：32 MB。

问题描述：用递归法实现快速排序算法，并将乱序序列变成升序列。

输入说明：第一行输入数据元素的个数，第二行为待排序列的数据元素，输入的数据之间空一格，最后一个回车。

输出说明：打印输出时数据之间空一格，尾数后没有空格。

输入样例：

10

85 36 23 67 2 96 41 19 50 78

输出样例：

2 19 23 36 41 50 67 78 85 96

算法分析：定义两个变量 i 和 j 为数组的下标，开始时 i = 0，j = n − 1，取出待排序序列中的第一个元素 a[0]作为“基准”，即 pivot = a[0]，然后从数组的最后一个元素开始依次与 pivot 进行比较，直到找到比 pivot 小的元素并且交换位置，同时 i++，这时再从数组元素 a[i]开始依次与 pivot 比较，直到找到比 pivot 大的元素并且交换位置。如此交替进行直到 i == j。第一轮快速排序结束，得到的序列是以 pivot 为基准，左边的元素都比 pivot 小，右边的元素都比 pivot 大的序列。以此为基础，进一步对 pivot 的左右两侧的子序列进行重复操作，直至整个序列保持有序。参考代码如下：

```
#include <stdio.h>
#include <stdlib.h>
void print_array(int* arr, int n)
{
    printf("%d", arr[0]);
    for (int i=1; i<n; i++){
        printf(" %d", arr[i]);
    }
    printf("\n");
}
int partition(int* arr , int l, int r)
{
    int pivot = l;
    int temp=0;
```

```
    int index = pivot + 1;
    for (int i = index; i <= r; i++) {
        if (arr[i] < arr[pivot]) {
            temp=arr[index];
            arr[index]=arr[i];
            arr[i]=temp;
            index++;
        }
    }
    temp=arr[index-1];
    arr[index-1]=arr[pivot];
    arr[pivot]=temp;
    return index-1;
}
int* quick_sort(int* arr, int l, int r)
{
    if (l<r)
    {
        int m = partition(arr, l, r);
        quick_sort(arr, l, m-1);
        quick_sort(arr, m+1, r);
        return arr;
    }
    else
        return arr;
}
int main() {
    int n;
    scanf("%d", &n);
    int* arr;
    arr = (int*)malloc(sizeof(int)*n);
    for (int i=0; i<n; i++)
    {
      scanf("%d", &arr[i]);
    }
    arr = quick_sort(arr, 0, n-1);
    print_array(arr, n);
    return 0;
}
```

### 3.6.3 快速排序算法分析

时间复杂度：最坏情况下，每一次选取的基准元素都是最大或最小的，复杂度为 $O(n^2)$；最好情况下，每一次选取的基准元素都能平分整个序列，由于快排涉及递归调用，所以时间复杂度为 $O(n\text{lb}n)$；平均情况下，复杂度也是 $O(n\text{lb}n)$。

空间复杂度：快速排序使用的辅助空间复杂度是 $O(1)$，而消耗空间较大的是在递归调用时，因为每次递归就要保留一些数据，每一次都平分数组的情况下空间复杂度为 $O(\log n)$，最差的情况下空间复杂度为 $O(n)$。快速排序是不稳定排序。

## 3.7 排序算法的性能比较

排序算法通常可以分为比较类排序和非比较类排序，冒泡排序、快速排序、插入排序、希尔排序、选择排序、堆排序、归并排序都属于比较类排序，而计数排序、基数排序和桶排序都属于非比较类排序。

每一种排序算法都有特定的使用情形，一般来说，选择合适的排序算法既要取决于当前输入数据的规模，也要取决于当前输入数据的状态。对于基本有序且规模较小的输入列表，使用高级算法会给代码带来不必要的复杂度，而性能的提升可以忽略不计。

例如，对于较小的数据集，一般不使用归并排序，冒泡排序更容易理解和实现。如果数据已经被部分排好序了，则可以使用插入排序。对于较大的数据集，归并排序算法是最好的选择。表 3-1 为常见排序算法的时间复杂度和空间复杂度以及稳定性情况。

**表 3-1 常见排序算法性能情况**

| 排序方法 | 时间复杂度(平均) | 时间复杂度(最坏) | 时间复杂度(最好) | 空间复杂度 | 稳定性 |
|---|---|---|---|---|---|
| 冒泡排序 | $O(n^2)$ | $O(n^2)$ | $O(n)$ | $O(1)$ | 稳定 |
| 选择排序 | $O(n^2)$ | $O(n^2)$ | $O(n^2)$ | $O(1)$ | 不稳定 |
| 插入排序 | $O(n^2)$ | $O(n^2)$ | $O(n)$ | $O(1)$ | 稳定 |
| 归并排序 | $O(n\text{lb}n)$ | $O(n\text{lb}n)$ | $O(n\text{lb}n)$ | $O(n)$ | 稳定 |
| 快速排序 | $O(n\text{lb}n)$ | $O(n^2)$ | $O(n\text{lb}n)$ | $O(n\text{lb}n)$ | 不稳定 |
| 基数排序 | $O(nk)$ | $O(nk)$ | $O(nk)$ | $O(n+k)$ | 稳定 |
| 希尔排序 | $O(n^{1.3\sim2})$ | $O(n^2)$ | $O(n)$ | $O(1)$ | 不稳定 |
| 堆排序 | $O(n\text{lb}n)$ | $O(n\text{lb}n)$ | $O(n\text{lb}n)$ | $O(1)$ | 不稳定 |
| 计数排序 | $O(n+k)$ | $O(n+k)$ | $O(n+k)$ | $O(n+k)$ | 稳定 |
| 桶排序 | $O(n+k)$ | $O(n^2)$ | $O(n)$ | $O(n+k)$ | 稳定 |

## 3.8 本章小结

排序是算法设计中一种重要的操作，其主要功能就是对一个待排序序列进行重新排列成按照数据元素某个属性值有序的序列。

实现排序的两个基本操作：

(1) 比较。“比较”待排序序列中两个关键字的大小。

(2) 移动。“移动”记录。

常见的排序算法有插入排序、希尔排序、选择排序、冒泡排序、归并排序、快速排序、堆排序、基数排序等，每种排序算法都有自己的特点和适用场景，一般来说，当待排序列中元素很少时，适合选用插入排序；当待排序列中的所有元素几乎有序，比较适合选用插入排序；如果着重考虑排序算法最坏情况，适合选用堆排序；当希望排序算法的平均性能比较好时，选用快速排序比较合适；当待排序列中元素从一个密集几何中抽取出时，适合选用桶排序；如果期望编写的代码尽可能简练，选择插入排序比较合适。

本章的知识点参见图 3-7。

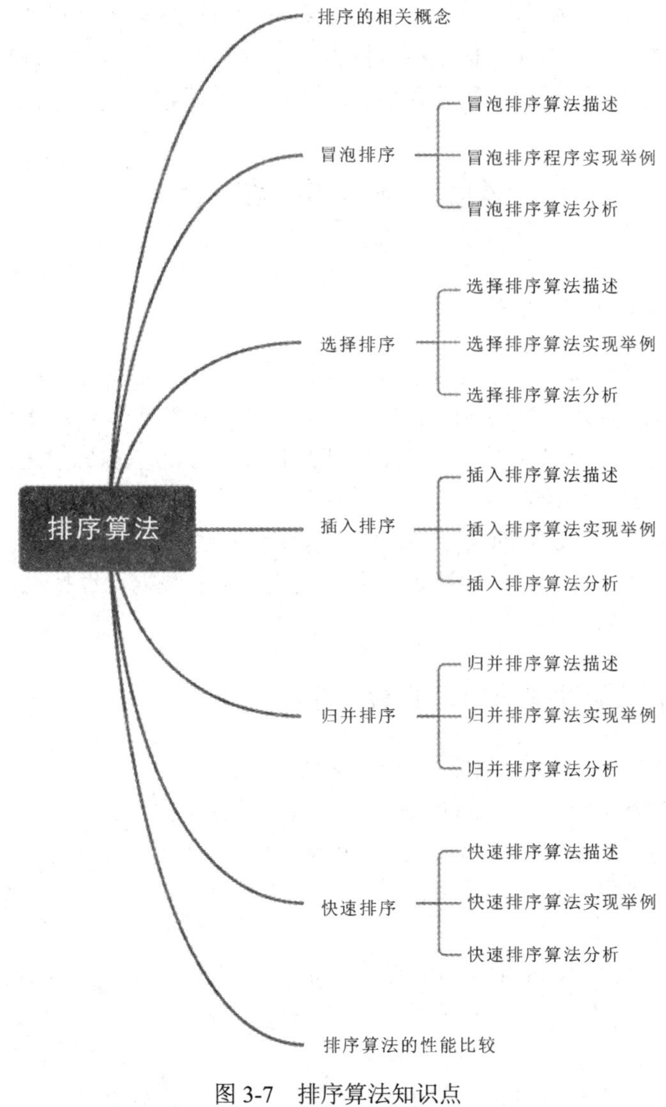


图 3-7　排序算法知识点

# 第4章 查　找

查找也称为搜索，查找算法是利用计算机的高性能有目的地穷举一个问题解空间的部分情况或所有的可能情况，从而求出问题解的一种方法。现阶段一般有枚举算法、深度优先搜索、广度优先搜索、A*算法、回溯算法、蒙特卡洛树搜索、散列函数等算法。在大规模实验环境中，通常在搜索前，根据条件降低搜索规模，根据问题的约束条件进行剪枝，利用搜索过程中的中间解避免重复计算这几种方法，对搜索算法进行优化。

## 4.1 顺序查找

### 4.1.1 顺序查找的基本概念

顺序查找算法又称为顺序搜索算法或者线性搜索算法，是所有查找算法中最基本、最简单的，对应的时间复杂度为 $O(n)$。顺序查找算法适用于绝大多数场景，既可以在有序序列中查找目标元素，也可以在无序序列中查找目标元素。其基本思想是：从线性表的第 1 个元素开始，通过逐个比较表中的关键字，直到找到符合要求的关键字，完成查找；或搜索整个表，没有找到符合要求的关键字，则表示查找失败。由于这种查找方法的效率较低，因此主要适用数量较少，无规则的数据。如果查找表中的数据已经按顺序排列，则可以使用一种称为二分查找的方法。

### 4.1.2 顺序查找的应用举例 1：找最大值

时间限制：1000 ms；内存限制：65535 KB。

问题描述：输入 10 个数，要求输出其中的最大值。

输入说明：测试数据有多组，每组 10 个数。

输出说明：对于每组输入，请输出其最大值(有回车)。

输入样例：

    10 22 23 152 65 79 85 96 32 40

输出样例：

    max = 152

算法分析：创建一个数组和一个变量 max，给变量 max 赋初值为 0，然后跟数组中每个元素一一进行判断，如果数组中的数比 max 大，那么把这个数赋给 max。以此类推，直到查找完数组中的所有元素即可完成查找，停止运算。

实现代码如下：

```
int main()
{
    int d[10], i, max;
    for(i=0; i<10; i++)
        scanf("%d", &d[i]);
    max=d[0];
    for(i=1; i<10; i++)
    {
        if(max<d[i])
            max=d[i];
    }
    printf("max=%d\n", max);
    return 0;
}
```

### 4.1.3 顺序查找的应用举例 2：字母统计

时间限制：1000 ms；内存限制：32 MB。

问题描述：输入一行字符串，计算其中 A～Z 大写字母出现的次数。

输入说明：案例可能有多组，每个案例输入为一行字符串。

输出说明：对每个案例按 A～Z 的顺序输出其中大写字母出现的次数。

输入样例：

```
DFJEIWFNQLEF0395823048+_+JDLSFJDLSJFKK
```

输出样例：

```
A:0
B:0
C:0
D:3
E:2
F:5
G:0
H:0
I:1
J:4
K:2
L:3
```

```
M:0
N:1
O:0
P:0
Q:1
R:0
S:2
T:0
U:0
V:0
W:1
X:0
Y:0
Z:0
```

算法分析：字母统计的策略就是建立一个长度为 26 的整型数组，用来统计每个字母的出现次数。依次遍历字符串中的每一个字符，对字符进行判断，如果该字符是某个字母，就将该字母对应的统计数据加 1。

实现代码如下：

```
int main()
{
    char str[10000]={0};
    int count[26]={0};
    int i;
    while(scanf("%s", str) != EOF)
    {
        for(i=0; i<strlen(str); i++)
        {
            if('A'<=str[i]&&str[i]<='Z')
            {
                count[str[i]-'A']++;
            }
        }
        for(i=0; i<26; i++)
        {
            printf("%c:%d\n", 'A'+i, count[i]);
        }
    }
    return 0;
}
```

# 4.2 二分查找

## 4.2.1 二分查找的基本概念

二分查找又称折半查找、二分搜索、折半搜索等，是一种采用分治策略的查找算法，只能用于有序线性表的查找。对于在一个长度为 $n$ 的有序数组中查找一个数字，如果使用顺序查找的方式逐一检查数组中的每个数字，那么需要 $O(n)$的时间复杂度，而如果使用二分查找，时间复杂度可以优化到 $O(\text{lb}n)$。线性表的规模 $n$ 越大，二分查找在时间性能上的优越性就会越明显。

二分查找的查找策略是：每次将位于线性表中间的数字和目标数字进行比较，如果中间数字正好等于目标数字，那么就找到了目标数字；如果中间数字大于目标数字，那么下一次查找时只需要在线性表的前半部分找，因为线性表是排序的，后半部分的数字都大于或等于中间数字，也一定都大于目标数字，因此没有必要在后半部分查找；如果中间数字小于目标数字，那么只需查找线性表的后半部分，因为排序数组的前半部分的数字都小于或等于中间数字，也就一定都小于目标数字，因此没有必要在前半部分查找。

从查找的过程可以看出，二分查找是一种递归的过程。由于二分查找算法每次都将查找范围减少一半，对于包含 $n$ 个元素的列表，用二分查找最多需要 $\text{lb}n$ 步。

由于二分查找要求待查找的数据必须是线性有序的，对于没有排序的数据，可以先通过排序算法进行预排序，然后再进行二分查找的操作。

## 4.2.2 二分查找的应用举例 1：查找元素 x

时间限制：1000 ms；内存限制：65535 KB。

问题描述：有 $n$ 个从小到大排序的数据(不重复)，从键盘输入一个数，用二分查找方法，判断 target 是否在这 $n$ 个数中。

输入说明：

第 1 行，数组的长度 length。

第 2 行，$n$ 个整数(int 范围内，不重复)，中间用空格分隔。

第 3 行，整数 target。

输出说明：如果找到 target，输出其位置，否则输出-1。

输入样例：

10
10 20 30 40 50 60 70 80 90 100
90
6
-1035912
2

输出样例：

8

-1

算法分析：使用二分查找算法在一个已排序(升序)的数组中查找一个指定的元素，首先将这个待查找元素与数列中位于中间位置的元素进行比较，如果比中间位置的元素大，则继续在数列的后半部分中进行二分查找；如果比中间位置的元素小，则在数列的前半部分中进行比较；如果相等，则找到了元素的位置。二分查找每次比较的数列长度都会是之前数列长度的一半，直到找到相等元素的位置或者最终没有找到要找的元素。

二分查找既可以用循环的方式来实现，也可以用递归的方式来实现，下面分别给出这两种实现方式代码。

### 1. 循环方式

实现代码如下：

```
int search_loop(int a[], int size, int target)
{
    int left=0, mid;
    int right=size-1;
    while(left<=right)
    {
        mid=left+(right-left)/2;            //定位查找区间的中间元素
        if(a[mid]>target)
            right=mid-1;                    //待查找元素在 mid 元素的左边区域
        else if(a[mid]<target)
            left=mid+1;                     //待查找元素在 mid 元素的右边区域
        else                                //a[mid]就是要查找的元素
            return mid;
    }
    return -1;                              //没有找到目标值
}
```

在循环语句中，分别使用了 left 和 right 两个变量记录查找的范围。初始情况下 left 为 0，right 为数组长度-1，分别指向数组的起始和结束位置。随着查找的推进，每次都根据判断的结果更新 left 或者 right 的值，直到 left>right 就结束循环。如果直到循环结束都没有找到目标值，则输出-1。

### 2. 递归方式

由于二分查找每次查找的方法是一样的，不一样的仅仅是查找的数组的范围，因此递归是一种很直观的实现方式。用一对整数变量表示目标元素的查找区间的起始和结束位置，并作为参数传递给递归函数，随着查找范围的不断缩小，直到查找区间包含的元素个数少于或等于 1 个，查找就停止了。

实现代码如下：

```
int search_recur(int a[], int left, int right, int target)
{
    int mid;
    if(left>right) return -1;                          //没有找到目标值
    mid=left+(right-left)/2;                           //定位查找区间的中间元素
    if(a[mid]>target)
        search_recur(a, left, mid-1, target);          //递归查找 mid 左边区域
    else if(a[mid]<target)
        search_recur(a, mid+1, right, target);         //递归查找 mid 右边区域
    else                                               //a[mid]就是要查找的元素
        return mid;
}
```

递归方式的优势是代码简洁，能直观地对应解决问题的思路，但是内存消耗太大。

main 函数实现代码如下：

```
int main()
{
    int length, target, i;
    while(scanf("%d", &length)!=EOF)
    {
        for(i=0; i<length; i++)
        scanf("%d", &a[i]);
        scanf("%d", &target);
        printf("%d\n", search_recur(a, 0, length-1, target));
    }
    return 0;
}
```

### 4.2.3　二分查找的应用举例 2：统计数字在有序数组中出现的次数

时间限制：1000 ms；内存限制：65535 KB。

问题描述：统计一个数字在一个有序数组中出现的次数。比如输入一个有序数组{1, 2, 2, 2, 3, 3, 3, 4, 5}和数字 2，由于 2 在数组中出现了 3 次，因此程序的输出结果为 3。

输入说明：

第 1 行，数组的长度；

第 2 行，一个有序数组{1, 2, 2, 2, 3, 3, 3, 4, 5}；

第 3 行，1 个待查找的整数 target。

输出说明：如果数组中包含 target，则输出其在数组中出现的次数位置，否则输出 0。

输入样例：

10

1 2 2 2 3 3 3 4 5 5

2

输出样例：

3

算法分析：解决这个问题的直观方式是使用顺序查找的方式遍历整个数组，只要找到某个元素目标与元素 target 相等，则统计值加 1。实现代码如下：

```
#define N 1000
int num(int a[], int size, int target)
{
    int i, sum=0;
    for(i=0; i<size; i++)
        if(a[i] == target)
            sum++;
    return sum;
}
int main()
{
    int size, a[N], target;
    int i;
    scanf("%d", &size);
    for(i=0; i<size; i++)
        scanf("%d", &a[i]);
    scanf("%d", &target);
    printf("%d", num(a, size, target));
    return 0;
}
```

由于对数组的 $n$ 个元素都进行了一次检查，因此该算法的时间复杂度为 $O(n)$。但是，应该注意到，该问题其实是要求在有序数组中查找某个指定元素，因此可以用二分查找算法来优化查找的过程。

使用二分查找元素 target 在数组中的位置，由于数组是有序的，因此所有相等的值在数组中的位置是连续的，所以可以继续在该位置的前后查找与 target 相等的元素。由此可见二分查找能快速缩小查找范围，将算法的时间复杂度降低到 $O(\text{lb}n)$。

使用二分查找法进行数字统计的实现代码如下：

```
int num(int a[], int size, int target)
{
    int left=0, right=size-1, mid, sum=0;
    int i;
    while(left<=right)
    {
```

```
            mid=left+(right-left)/2;                //定位查找区间的中间元素
            if(a[mid]>target)
                right=mid-1;                        //待查找元素在 mid 元素的左边区域
            else if(a[mid]<target)
                    left=mid+1;                     //待查找元素在 mid 元素的右边区域
            else                                    //a[mid]就是要查找的元素
                {
                    sum=1;                          //找到了一个目标元素
                    break;
                }
        }
        for(i=mid+1; i<size&&a[i] == target; i++)   //向左统计
            sum++;
        for(i=mid-1; i>0&&a[i] == target; i--)      //向右统计
            sum++;
        return sum;
    }
```

# 4.3　图 的 搜 索

在顺序查找和二分查找中，处理的数据以线性表的形式表示。在线性表中，数据元素之间是线性关系，每个数据元素只有一个直接前驱和一个直接后继。但是在图中，任意两个数据元素之间都可能存在直接的关系，通常用结点表示数据元素，用连接两个结点的边表示数据元素之间的关系。

图的搜索算法通常用来解决基于状态空间的搜索问题。所谓状态，就是为了区分不同事物而引入的一组数据元组，如 $X = [x_1, x_2, x_3, ..., x_n]$，其中每一个元素 $x_i$ 被称为状态分量。首先把问题表示转化为一个由多个状态组成的集合，如果可以通过一些定义的运算使某个状态跳转到下一个状态，那么这两个状态之间就形成了一个关联关系。所有的状态，以及状态之间的关联关系就形成了一个拓扑图，那么解题的过程就是对图的搜索。

对一个图进行搜索意味着从图中的一个结点开始，按照某种特定的顺序依次遍历图中的边，从而找到一条从起始结点到目标结点的路径，或是遍历图中所有的结点，找到符合检索要求的结点。按照搜索顺序的不同，可以将搜索算法分为广度优先算法(Breadth First Search, BFS)和深度优先搜索(Depth First Search, DFS)。

## 4.3.1　DFS 的基本概念

深度优先搜索的策略是：从图中某结点 v 出发，沿着一条路径一直搜索下去，当无法搜索时，回退到最后访问的结点，具体包括以下几个步骤：

(1) 初始化图中的所有结点，将它们都标记为未被访问。

(2) 从图中的某个结点 v 出发，访问 v 并标记其已被访问。

(3) 依次检查 v 的所有邻接结点 w，如果 w 未被访问，则从 w 出发进行深度优先遍历(递归调用，重复步骤(2)～(3))，这一过程一直进行到已发现从出发结点可达的所有结点为止。

(4) 如果当前已经没有未被访问的邻接结点，则回退到上一步最后访问过的结点，继续重复步骤(2)～(3)。

按照深度优先搜索，当搜索到某一步时，发现原先的选择并不是最优的或达不到的目标，就退回一步重新选择，这种走不通就退回再走的技术称为回溯法，而满足回溯条件的某个状态被为“回溯点”。

按照深度优先搜索算法遍历图中的结点，会发现后被访问的结点，其邻接结点先被访问，这是典型的后来者先服务，通常借助于栈的结构来实现。由于递归本身就是使用栈实现的，因此使用递归的方法更方便。

深度优先搜索算法的实现代码如下：

```
void DFS(Graph G, node v)
{
    node w;
    visit(v);
    visited[v]=True;
    for(w=FirstNeighbor(G, v); w!=null; w=NextNeighbor(G, v))
        if(!visited[w])
            DFS(G, w);
}
```

从图 G 中的某一个结点 v 开始，首先访问结点 v，并将 v 的状态设置为已访问；其次，依次对 v 的所有邻接结点 w 进行遍历，如果 w 是一个未被访问过的结点，则继续使用深度优先搜索算法以 w 为出发结点进行搜索。由于算法是递归调用的，当 v 的某个邻接结点 w 访问不下去时，函数返回到 v，继续对 v 的下一个邻接结点使用 DFS 展开搜索。

以图 4-1 为例，模拟深度优先搜索算法的搜索路线。

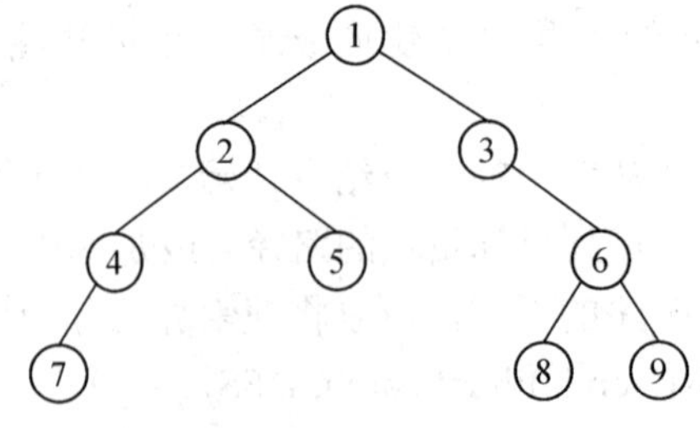


图 4-1　二叉树

树是图的一种特殊形式，是连通且没有回路的图。图 4-1 所示的是一棵二叉树，即每个父结点最多只有两个子结点，其中一个是左子结点，一个是右子结点。使用深度优先算法遍历树中的每一个结点，那么结点编号所组成的序列就是遍历的顺序。假设对每一个结点先访问其左子结点，后访问其右子结点。

按照深度优先搜索算法搜索路线如下：

(1) 从根结点 1 开始，先访问 1 的左子结点 2，然后以递归的方式遍历以 2 为根结点的子树，以此类推，得到 1→2→4→7 遍历序列。

(2) 到达结点 7 后，发现其没有左子结点，也没有右子结点，向上返回到结点 4，结点 4 也没有右子结点，继续向上返回到结点 2，结点 2 有右子结点，于是访问结点 5，更新遍历序列为 1→2→4→7→5。

(3) 结点 5 既没有左子结点，也没有右子结点，向上返回到其父结点 2。此时完成了结点 2 所有子结点的遍历，继续向上返回到结点 1。

(4) 结点 1 已完成了左结点的遍历，继续访问其右结点 3，更新遍历序列为 1→2→4→7→5→3。结点 3 没有左子结点，向下访问其右结点 6，更新遍历序列为 1→2→4→7→5→3→6。

(5) 结点 6 先访问左子结点 8，由于结点 8 没有子结点，完成访问后向上返回到结点 6，然后访问结点 6 的右子结点 9，更新遍历序列为 1→2→4→7→5→3→6→8→9。同样，结点 9 也没有子结点，完成访问后返回结点 6。

(6) 已完成结点 6 所有子结点的访问，向上返回结点 3，同样，也完成了结点 3 所有子结点的访问，向上返回结点 1。至此完成了所有结点的遍历和递归访问。

得到结论，基于深度优先搜索算法遍历该树的所有结点的访问序列为：1→2→4→7→5→3→6→8→9。

### 4.3.2 BFS 的基本概念

广度优先搜索的搜索策略是：从起点开始，将与其邻接的所有结点都访问一遍，然后依次从这些已经访问过的邻接点出发，再对它们的邻接点进行访问。具体包括以下步骤：

(1) 初始化所有结点均未被访问，并初始化一个空队列。

(2) 从图中的某个结点 v 出发，访问 v 并标记其已被访问，将 v 编入队列。

(3) 如果队列非空，则继续执行，否则算法结束。

(4) 将队头元素 v 移出队列，依次访问 v 的所有未被访问的邻接点，标记已被访问并将它们加入队的尾部。转向步骤 3。

按照广度优先搜索算法遍历图中的结点，会发现每次都是从队列的头部拿出一个结点进行扩展，而新扩展的结点都是加到队列的尾部，因此所有的结点按照先进先出的顺序被访问，可以借助于队列的结构来实现。队列是一种先进先出的数据结构，不能随机访问队列中的元素。队列只支持两种操作：入队和出队。

广度优先搜索算法的实现代码如下：

```
void BFS(Graph G, node v)
{
    初始化一个空队列 queue;
    将 node v 加入 queue 头部;
```

```
while (queue 不为空)
{
    node v=queue_front();
    visited[v]=True;
    pop_front(queue);
    for(w=FirstNeighbor(G, v); w!=null; w=NextNeighbor(G, v))
            if(!visited[w])
                将结点 w 加入 queue 尾部;
    }
}
```

仍以图 4-1 为例，模拟广度优先搜索算法的搜索路线如下：

(1) 队列初始条件下为空 queue={}；

(2) 从根结点 1 开始，将结点 1 放入队列，得到队列为{1}。

(3) 将队列中的第一个元素 1 取出来，将其标记为已访问，并将 1 的所有未访问的邻接结点放入队列的尾部，队列更新为{2, 3}，访问序列为 1。

(4) 将队列中的第一个元素 2 取出来，将其标记为已访问，并将 2 的所有未访问的邻接结点放入队列的尾部，队列更新为{3, 4, 5}，访问序列为 1→2。

(5) 将队列中的第一个元素 3 取出来，将其标记为已访问，并将 3 的所有未访问的邻接结点放入队列的尾部，队列更新为{4, 5, 6}，访问序列为 1→2→3。

(6) 将队列中的第一个元素 4 取出来，将其标记为已访问，并将 4 的所有未访问的邻接结点放入队列的尾部，队列更新为{5, 6, 7}，访问序列为 1→2→3→4。

(7) 将队列中的第一个元素 5 取出来，将其标记为已访问，由于 5 没有未访问的邻接结点，队列更新为{6, 7}，访问序列为 1→2→3→4→5。

(8) 将队列中的第一个元素 6 取出来，将其标记为已访问，并将 6 的所有未访问的邻接结点放入队列的尾部，队列更新为{7, 8, 9}，访问序列为 1→2→3→4→5→6。

(9) 将队列中的第一个元素 7 取出来，将其标记为已访问，由于 7 没有未访问的邻接结点，队列更新为{8, 9}，访问序列为 1→2→3→4→5→6→7。

(10) 将队列中的第一个元素 8 取出来，将其标记为已访问，由于 8 没有未访问的邻接结点，队列更新为{9}，访问序列为 1→2→3→4→5→6→7→8。

(11) 将队列中的第一个元素 9 取出来，将其标记为已访问，由于 9 没有未访问的邻接结点，队列更新为{}，访问序列为 1→2→3→4→5→6→7→8→9。

(12) 由于队列为空，结束循环，搜索结束，最终得到的树的广度优先搜索序列为 1→2→3→4→5→6→7→8→9。

### 4.3.3 DFS 与 BFS 的应用举例 1：最小高度树

时间限制：1000 ms；内存限制：32 MB。

问题描述：输入一个包含 $n$ 个结点的树，结点编号依次为 0, 1, ..., $n-1$，以及一个包含 $n-1$ 条无向边的 edges 列表，其中 edges[$i$] = [$a$，$b$]表示结点 $a$ 和结点 $b$ 中存在一条无向边。当选择其中任何一个结点作为根结点时，都可形成一棵高度为 $h$ 的树。在所有可能的树中，具有最小高度的树被称为最小高度树。要求找到所有的最小高度树，并依次输出它们的根结点编号。

输入说明：一个整数 n，代表树的结点数。

一个二维矩阵 edges，表示树的边。

输出说明：所有最小高度树的根结点编号。

输入样例：

n = 4

edges=[[1, 0], [1, 2], [1, 3]]

输出样例：

[1]

算法分析：以样例输入为例，该树包括 4 个结点，3 条边，当选择其中任何一个结点作为树根时，都可以相应构造出一棵树，树的结构如图 4-2 所示

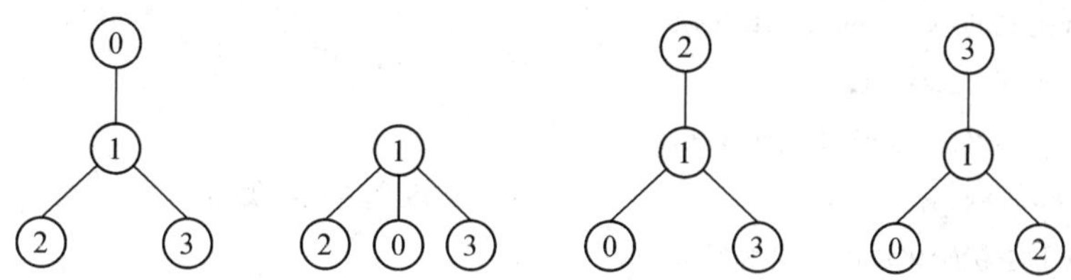

图 4-2　不同高度的树

其中最小高度树是以结点 1 为根的树，树高为 1。

由于树的连通性且没有环，任何一个结点都可以作为树根，从而形成一棵树。直观的解决办法是依次对每一个可能形成的树使用 DFS 算法进行遍历，然后计算树中每个结点的高度，并将其中最大值作为树的高度。但是这种算法的时间复杂度太高，是 $O(n^2)$。

有没有更好的算法？通过观察树的结构，发现如果将度为 1 的结点作为叶子结点，那么树的高度会最小。

因此，可以使用类似剥洋葱的方法，一层一层地删掉叶子结点，最后剩下一个或两个结点就是要找的最小高度的根结点。

算法设计如下：

(1) 如果 n == 1，则直接返回[0]，因为当树只包含一个结点时，树的高度为 0，结点 0 就是这个树的根。

(2) 如果 n == 2，则返回[0, 1]，因为当树包含两个结点时，树的高度为 1，结点 0 和结点 1 都可以是最小高度树的根。

(3) 创建一个空队列 queue。

(4) 遍历 edges[][]数组，计算每个结点连接到其他结点的边数，并将所有度为 1 的结点加入队列 queue 中。

(5) 将队列 queue 中的结点依次删除，同时将图中其他连接到该结点的结点的度减 1。

(6) 当减 1 后的结点的度也变成 1，就作为新的要删除的结点加入队列。

(7) 循环执行(3)和(4)，直到图中所有的结点要么被删除了，要么已在队列中，此时队

列中还未被删除的结点就是最小高度树的根结点。

实现代码如下：

```
#include <stdio.h>
#define MAXVEX 100
typedef struct {
    int vexs[MAXVEX];                          //表示结点的集合
    int edges[MAXVEX][MAXVEX];                 //表示边的集合
    int numVertexes, numEdges;
} MGraph;                                      //定义一个表示图的结构体

void CreateMGraph(MGraph* G){
    int i, j, k;
    printf("请输入结点数：");
    scanf("%d", &G->numVertexes);
    G->numEdges=n-1;
    for(i=0; i<G->numVertexes; i++)
        G->vexs[i]=i;                          //构造每个结点的编号
    //以下是初始化边的集合为空
    for(i=0; i<G->numVertexes; i++)
        for(j=0; j<G->numVertexes; j++)
            G->edges[i][j]=0;
                                               //从输入中获取边
    for(k=0; k<G->numEdges; k++){
        printf("输入边(vi, vj):");
        scanf("%d, %d", &i, &j);
        G->edges[i][j]=1;                      //值为 1 则表示结点 i 和结点 j 之间有边
        G->edges[j][i]=1;                      //对称矩阵
    }
}

void RemoveLeave(MGraph* G)
{
    int i, j;
    int sum;                                   //表示每个结点的度
    int n=0;                                   //表示当前还剩下的结点数
    int m[G->numVertexes];                     //表示每个结点的度
    for(i=0; i<G->numVertexes; i++)
        m[i]=0;                                //初始化每个结点的度为 0
    for(i=0; i<G->numVertexes; i++){
```

```
        sum=0;
        for(j=0; j<G->numVertexes; j++)
        {
            sum=sum+G->edges[i][j];       //每当有一条指向 i 的边，就将其度数加 1
            if(sum>1)
            {
                n=n+1;
                m[i]=2;
                break;                    //如果该边的度大于 1，就说明不是叶子结点，结束度的计算
            }
            if(sum == 1)
            {
                m[i]=1;                   //叶子结点
            }
        }
    }
    //下面开始移除叶子结点
    for(i=0; i<G->numVertexes; i++)
    {
        if(m[i] == 1)
        {                                 //如果是叶子结点，则把图中所有与该叶子结点相连的边都删除
            for(j=0; j<G->numVertexes; j++)
            {
                G->edges[i][j]=0;
                G->edges[j][i]=0;
            }
        }
        if(m[i] == 2)
        {                                 //如果不是叶子结点
            if(n<3)
            {                             //如果剩下的结点不足 3 个，直接输出根结点 i
                printf("%d\n", G->vexs[i]);
            }
        }
    }
    if(n<3)
    {
        return ;
    }
```

```
        else{                                 //继续对图进行删除叶子结点操作
            RemoveLeave(G);
        }
    }

    int main()
    {
        MGraph G;
        CreateMGraph(&G);                     //构造图的数据结构
        RemoveLeave(&G);                      //输出最小高度树的根结点
        return 0;
    }
```

### 4.3.4 DFS 与 BFS 的应用举例 2：水壶问题

时间限制：1000 ms；内存限制：32 MB。

问题描述：有一个容量为 $S$ mL 的瓶子，里面正好装满了水，还有两个空杯子 a 和 b，它们的容量分别是 $N$ mL 和 $M$ mL，且 $S = N + M$。现在想将瓶子里的水平均分成两份，但由于瓶子和杯子都没有刻度，你能否利用它们之间相互倒水的方式将水平分呢？如果能则输出最少的倒水次数，不能则输出 No。

输入说明：输入一行包括三个以空格分隔的整数 $S$，$N$，$M$，分别代表水的体积和两个杯子的容量。其中，$0 < S<101$，$N > 0$，$M > 0$。

输出说明：如果能平分则输出最少的倒水次数，否则输出 No。

输入样例 1：

7 4 3

输出样例 1：

No

输入样例 2：

4 1 3

输出样例 2：

3

算法分析：可以用一个三元组$(x, y, z)$表示每次操作完成时每个容器(c, a, b)中所盛水的体积。初始状态下，瓶中装满了水，即 $x = S$，其他两个杯子是空的，因此三元组为$(S, 0, 0)$，随着每一次的操作，都会到达一个新的状态。比如从当前状态如果想要到达下一个状态，可以有以下 6 种不同的操作：

① c 向 a 倒水

② c 向 b 倒水

③ a 向 c 倒水

④ a 向 b 倒水

⑤ b 向 c 倒水

⑥ b 向 a 倒水

从任何一个状态出发，选择执行其中一种操作，都可以到达下一个状态。但是并不是每种状态下都可以执行以上 6 种操作，有的操作显然是违背常理的。比如在状态($S$, 0, 0)下，就只能执行操作①或操作②，因为杯子 a 和 b 原本是空的，无法倒出水。因此，从初始状态开始，有可能到达新状态的有以下两个：($S-N$, $N$, 0)或($S-M$, 0, $M$)。

目标状态是将水分为两等份，即在水瓶 c 中和较大的杯子中各装有一半的水，而较小的杯子为空。

由此可见，这道题本质上是一个搜索问题，从初始状态开始，找一条能够到达目标状态的路径，路径上的每一个结点都是中间的过渡状态。

该问题搜索的结束条件有两个：一是到达了期望的目标状态，则输出操作的次数；二是在尝试过所有可能的路径下，都没办法到达目标状态，搜索结束，输出 No。

这里可以使用一个数组分别记录瓶子，较大的杯子与较小的杯子的容积。用一个结构体记录每个状态下各容器内水的体积与当前状态的倒水次数，布尔数组记录状态是否出现过。

搜索过程可以使用 BFS 算法，即从初始状态开始，将所有可能到达的状态都放入到一个队列中，然后依次从队列头部取出一个状态，然后以该状态为新的出发点，找到下一步所有可能到达的状态，再加入队列中。

实现代码如下：

```
#include <bits/stdc++.h>
using namespace std;
const int maxn = 110;
struct node                        //用结构体 node 表示每个状态
{
    int v[3];               //v[0] v[1] v[2] 分别为当前状态下瓶子、大杯子、小杯子中水的体积
    int step;               //step 记录倒水次数，即从初始状态到达该状态的操作次数
} Node;
bool vis[maxn][maxn][maxn] = {false};
        //布尔类型数组，记录该状态是否出现过，在初始状态下，所有的状态都是没有出现过的
int v[3];
void judge(int x, int y)                    //传入容器 x，y
{
    int sum = Node.v[x] + Node.v[y];        //记录两个容器中水的总体积
    if(v[y] <= sum)                         //y 的容积小于两个容器中的水的总体积
    {
        Node.v[y] = v[y];                   //将容器 y 倒满
    }
    else                                //y 的容积大于两个容器中的水的总体积
    {
```

```
            Node.v[y] = sum;                    //将所有水倒入 y
        }
        Node.v[x] = sum - Node.v[y]; //两个容器中的水的总体积减去 y 中的水体积，x 中剩余的水的体积
    }
    void BFS()
    {
        Node.v[0] = v[0];                           //设置初始状态
        Node.v[1] = 0;
        Node.v[2] = 0;
        Node.step = 0;
                            //记录初始状态，水瓶中体积为 s，两个杯中的水的体积都为 0
        memset(vis, false, sizeof(vis));        //初始化所有状态为未出现过
        vis[Node.v[0]][Node.v[1]][Node.v[2]] = true;
                                                    //标记初始状态为已出现
        queue<node> Q;                              //队列 Q 记录当前可操作状态的序列
        Q.push(Node);                               //当前状态入队
        while(!Q.empty())
        {
            node top = Q.front();                   //取出队首元素
            if(top.v[0] == top.v[1] && top.v[2] == 0)
            {
                                    //瓶子与较大的杯中各有一半水，较小的杯中没有水
                printf("%d\n", top.step);           //输出次数
                return;
            }
            Q.pop();
            for(int i = 0; i < 3; i++)              //搜索所有 6 种状态
            {
                for(int j = 0; j < 3; j++)
                {
                    if(i != j)                      //自己不能向自己倒水
                    {
                        Node = top;
                        judge(i, j);                //执行 i 向 j 倒水
                        if(!vis[Node.v[0]][Node.v[1]][Node.v[2]])     //若新状态之前没有出现过
                        {
                            Node.step++;            //倒水次数加一
                            vis[Node.v[0]][Node.v[1]][Node.v[2]] = true;   //标记新状态为已出现
                            Q.push(Node);           //新状态入队
```

```
                    }
                }
            }
        }
    }
    printf("No\n");                              //若不能分成两份输出 No
}
int main()
{
    int s, n, m;
    scanf("%d%d%d", &s, &n, &m);
    v[0] = s;
                                                 //获得大杯子与小杯子的容积
    if(n > m)
    {
        v[1] = n;
        v[2] = m;
    }
    else
    {
        v[1] = m;
        v[2] = n;
    }
    BFS();
    return 0;
}
```

## 4.4 本章小结

本章介绍的搜索算法都是基本算法。搜索算法是计算机算法中研究和应用最为广泛的领域之一。搜索算法的本质是利用计算机快速的计算能力和大容量的存储能力对一个问题的解空间进行全部或部分搜索，从而找到问题的解的一种策略。

问题的解空间如果是线性的，则可以用基于线性表的搜索算法——顺序查找和二分查找；如果解空间是二维的图结构形式的，则可以使用基于图的搜索——深度优先搜索 DFS 和宽度优先搜索 BFS。

根据在搜索过程中是否需要用到有关被搜索空间的特殊性质，搜索可分为盲目搜索和智能搜索。盲目搜索是指在搜索过程中只是根据结点的扩展规则从一个结点到下一个结点，不需要用到其他的信息。因此，DFS 和 BFS 都是属于盲目搜索。当搜索空间较大时，

DFS 和 BFS 的搜索效率较低。随着人工智能等技术的兴起，问题所需要搜索的解空间也越来越大，为了提高搜索的效率，就需要在遍历搜索时添加优化技术，比如记忆化搜索和启发式搜索等。

本章的知识点参见图 4-3。

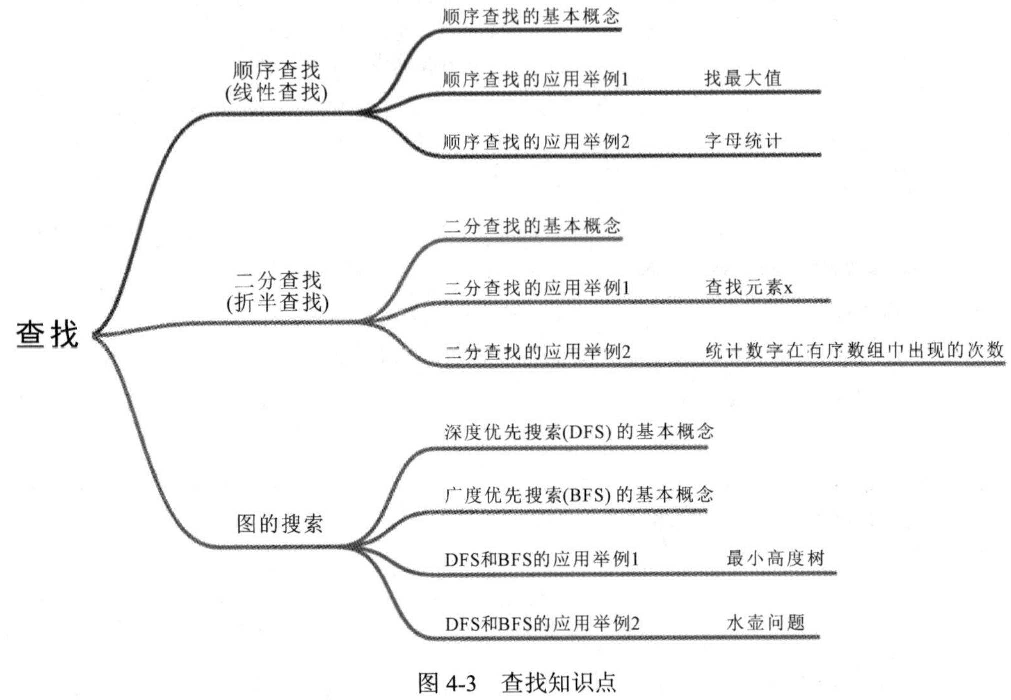


图 4-3 查找知识点

# 第 5 章　字符串匹配和高精度运算

字符串匹配是计算机科学中最古老、研究最广泛的问题之一，在信息检索、拼写检查、语言翻译、数据压缩、网络入侵检测等方面具有广泛的应用。本章第一部分重点介绍常见的字符串匹配问题的求解策略。

尽管现在计算机的能力已经非常强大，但它能够表示和处理的数的范围和精度总是有限的，在解决实际问题时，如果所需处理的数据超出了计算机所能表示的范围，那么这些超出范围的数据在计算机中该如何处理呢？本章的第二部分将介绍大数求和以及阶乘的精确计算等高精度问题的求解方法。

## 5.1　字符串匹配

在计算机中进行信息检索实际上就是字符串匹配的应用。所谓检索，就是从被检索的文档中找出匹配的信息，被检索文档会显示匹配信息具体的位置。所谓字符串匹配就是在主串中搜索模式串是否存在及其存在的位置。如果在字符串 *S* 中查找字符串 *T*，那么字符串 *S* 就是主串，字符串 *T* 就是模式串。

### 5.1.1　朴素模式匹配

朴素模式匹配算法也称为暴力(Brute Force, BF)算法，其思想就是将 *S* 的第一个字符与 *T* 的第一个字符进行匹配，如果相等，则比较 *S* 的第二个字符和 *T* 的第二个字符；若不相等即失配，则将 *T* 整体右移一位，再将 *S* 的第二个字符和 *T* 的第一个字符，依次比较，直到得出最后的匹配结果。

下面采用图示的方式来说明该算法，例如 *S* = "abaacd"，*T* = "aac"，第一次匹配如图 5-1 所示。

从图 5-1 可知，主串和模式串的第一个字符相等，进行第二个字符的比较，比较发现不相等，也就是失配了，则将模式串整体右移一位，如图 5-2 所示。

将 *S* 的第二个字符和 *T* 的第一个字符比较，比较发现不相等，则将 *T* 整体再右移一位，如图 5-3 所示。

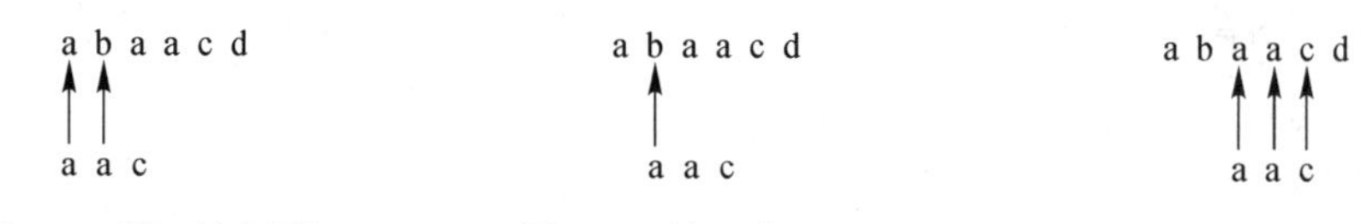


图 5-1　第一次匹配　　图 5-2　第二次匹配　　图 5-3　第三次匹配

将 $S$ 的第三个字符匹配 $T$ 的第一个字符，$S$ 的第四个字符和 $T$ 的第二个字符匹配，继续匹配发现 $S$ 中有和 $T$ 匹配的部分，匹配成功，计算出匹配成功的位置。如果不能匹配则继续按照上述规则，$T$ 继续右移一位，依次类推。

下面给出该算法的详细实现代码。

**【例 5.1】** 在字符串“abaacd”中查找串“aac”，如果找到请返回匹配位置，如果找不到请输出字符串“不匹配！”。

```
#include<stdio.h>
#include<string.h>
#define N 200
int  match(char* s, char* t)
{  int i = 0;
   int j = 0;
   int s_len = strlen(s);
   int t_len = strlen(t);
   while (i<=(s_len-1)&&j<=(t_len-1))
   {
      if (s[i] == t[j])
      {
         i++;
         j++;
      }
      else
      {
         i= i - j + 1;                    //回到开始比对的位置的下一个位置
         j = 0;
      }
   }
   if (j == t_len)
      return i-t_len;                     //返回开始比对的位置
   else
      return -1;
}
int main()
{
   char s[N] = "abaacd";
   char t[N] = "aac";
   int x=match(s, t);
   if(x == -1)
```

```
        printf("不匹配！");
    else
        printf("匹配位置=%d", x);
    return 0;
}
```

朴素模式匹配算法实现较为简单，但是效率低下，时间复杂度 $O$(s_len* t_len)，其中 s_len 是主串长度，t_len 是模式串长度。

## 5.1.2 KMP 模式匹配

朴素模式匹配算法中忽略了已经匹配过的字符的规律。为了提高匹配效率，讨论另外一种算法——KMP(Kunth-Morria-Pratt)算法。朴素模式匹配算法中 $T$ 在第 $j$ 位失配时(见图 5-4)，默认把 $T$ 整体后移一位。但在前一轮的比较中，已经知道 $T$ 的第 $j$ 位之前的字符段与 $S$ 中间对应的字符段已经匹配成功了。那么可否利用这些已经匹配的字符串，让 $T$ 多右移几位，从而达到减少遍历的次数，这就是 KMP 算法的核心。

从图 5-4 可以看出，在 $T_5$ 处失配，那么 $T_0$ 至 $T_4$ 与主串的部分字符已经匹配成功，现在需要通过找到已经匹配成功的部分字符串的规律，让模式串尽可能多右移几位。分析 $T_0$ 至 $T_4$ 也就是“ababa”已经匹配的这部分字符串的特点，通过观察发现“ababa”的后面一部分 aba 和前面一部分 aba 是重合的，那么可以将模式串整体右移 2 位，$j$ 的位置由原来的 5 变为 3，如图 5-5 所示。

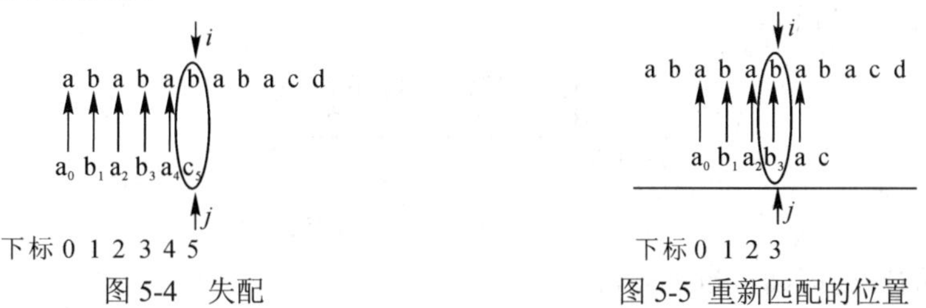


图 5-4 失配　　图 5-5 重新匹配的位置

因为在模式串的任意位置 $j$ 都可能失配，因此为了能提高效率，KMP 算法提前构建一个 next 数组，用来存储 $j$ 位置失配时下次重新匹配的位置 next[$j$]。$j$ 的范围是 0 到模式串长－1。假设当前 $j$ 的位置出现不匹配，$T_0\cdots T_{j-1}$ 和主串部分字符是相同的，找出 $T_0\cdots T_{j-1}$ 字符串的规律，也就是首尾是否有重合的字符串。假设 $T_0\cdots T_{j-1}$ 首尾重合部分的长度为 $x$，很显然右移以后下次匹配的 $j$ 的位置 next[$j$]为 $x$，不难算出模式串 $T$ 需要右移 $j-x$。为了能遍历完整，首尾重合部分的元素个数应取到最多，例如“ababa”的首尾重合的字符串是“aba”，而不是“a”，但是也必须小于“ababa”，所以 next[$j$]应取尽量大的值，那么求解 next[$j$]的公式为

$$\text{next}[j]=\begin{cases}-1 & j=0\\ =0 & \text{首尾字符没有重合}\\ x & 1\leqslant x<j\text{，满足}T[0:x-1]=T[j-x:j-1]\text{的最大}x\end{cases} \tag{5-1}$$

假设主串的匹配索引是 $i$，模式串匹配索引是 $j$，KMP 算法的思想如下：从串头开

始匹配，在某次匹配过程中，如果 $S[i]$和 $T[j]$不匹配，也就是 $S[i] \neq T[j]$，那么从 next 数组里找到 next[$j$]的值 $x$，让 $S[i]$和 $T[x]$比较。如果在串头就不匹配，也就是说 $S[i] \neq T[0]$，则 $i$ 进 1 位，再让 $S[i]$和 $T[0]$开始比较，进入下一轮匹配。KMP 的核心算法的代码如下：

```
while(i< s_len&&j<t_len)                //s_len、t_len 表示主串 S 和模式串 T 的长度
{
    if(j == -1){j++, i++; contintue; }              //若 j 退到头，i 右移 1 位，j=0
    if(S[i] == T[j]) {j++, i++; contintue; }//若匹配成功，i 和 j 同时向前移动继续匹配
    j = next[j];            //如果匹配不成功，索引 i 位置不变，下次重新开始匹配的位置为 next[j]
}
```

求解 next 数组就是把 $T[0, j-1]$的所有后缀子串找出来，依次看看是否能跟 $T[0, j-1]$的前缀子串匹配。很显然，这个方法也可以计算得到 next 数组，但是效率非常低。下面的方法可以较为高效地计算出 next 数组。

假设现在需求解 next[8]，next[8]之前的数组元素已经计算出结果。假设 next[7] = 3，那么就意味着 $T[0:2] = T[4:6]$。如果 $T_7 = T_3$，那么 next[8] = 3 + 1 = 4，如图 5-6 所示。

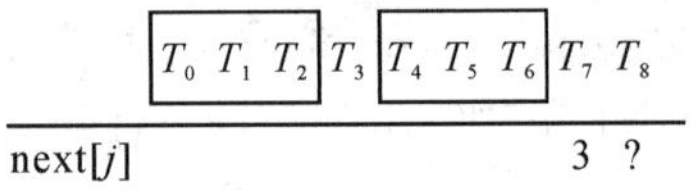

$T_0\ T_1\ T_2\ T_3\ T_4\ T_5\ T_6\ T_7\ T_8$

next[$j$]　　3　?

图 5-6　$T[0:2] = T[4:6]$的情况

如果 $T_7 \neq T_3$，但 next[3] = 1，那么 $T_0 = T_2 = T_4 = T_6$，同上，如果 $T_7 = T_1$ 则 next[8] = 1 + 1 = 2，如图 5-7 所示。

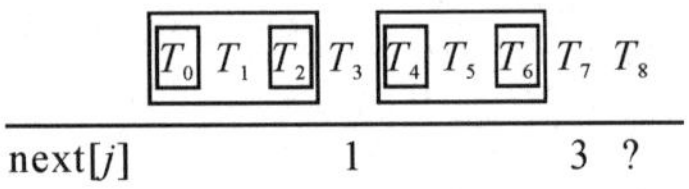

$T_0\ T_1\ T_2\ T_3\ T_4\ T_5\ T_6\ T_7\ T_8$

next[$j$]　　1　　3　?

图 5-7　$T_0 = T_2 = T_4 = T_6$ 的情况

$T_7 \neq T_1$ 的情况请读者自行分析。

该算法的代码实现如下：

```
void getNext(char ch[], int next[])
{
    next[0] = -1;
    int i = 0, j = -1;
    while(i<strlen(ch)-1)
    {
        if(j == -1 || ch[i] == ch[j])
            next[++i] = ++j;
        else
            j = next[j];
    }
}
```

next 数组计算的时间复杂度是 $O$(t_len)，匹配过程的时间复杂度是 $O$(s_len)，因此 KMP 算法的时间复杂度是 $O$(t_len + s_len)。朴素模式匹配算法简单，时间复杂度是 $O$(t_len × s_len)，在实际的软件开发中朴素模式匹配算法实现简单，处理小规模的字符串匹配很适用。

下面给出 KMP 算法的详细实现代码。

**【例 5.2】** 使用 KMP 算法在字符串“abaacd”中查找串“aac”，如果找到请返回匹配位置，如果找不到请输出字符串“不匹配！”。

```
#include <stdio.h>
#include <string.h>
#include <malloc.h>
#define N 200
void getNext(char ch[], int next[])
{
    next[0] = -1;
    int i = 0, j = -1;
    while(i<strlen(ch)-1)
    {
        if(j == -1 || ch[i] == ch[j])
            next[++i] = ++j;
        else
            j = next[j];
    }
}
int KMP(char S[], char T[])
{
    int t_len = strlen(T), s_len = strlen(S);
    int next[t_len];
    getNext(T, next);
    int i = 0, j= 0;
    while (i< s_len && j < t_len) {
        if (j == -1 || S[i] == T[j]) {
            i++;
            j++;
        }
        else
            j = next[j];
    }
    if (j == t_len)
```

```
            return i- t_len;
        else
            return -1;
    }
    int main() {
        char S[N]=" abaacd ";
        char T[N]=" aac ";
        int location=KMP(S, T);
        if (location == -1)
            printf("不匹配!");
        else
            printf("匹配点的位置=%d", location);
        return 0;
    }
```

## 5.2 高精度运算

计算机内数据存储的最大值都是有限的，比如 long long 类型是 8 个字节，它能表示的整数范围为 -9223372036854775808～9223372036854775807。如果需要计算的数据继续增大，该怎么办呢？这种问题属于大数求和问题。所谓大数是指数的位数超过了计算机中基本数据类型的表示范围。大数运算就是大数进行加、减、乘、除等一系列的运算。

### 5.2.1 简单计算方法——“列竖式”

在小学学过通过列竖式求两个数的和。例如，列竖式计算整数 9223372036854775808+1234 的值，参见图 5-8。

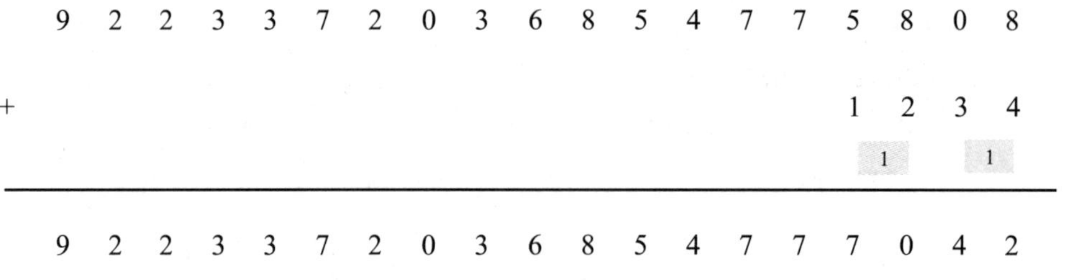


图 5-8 列竖式计算“9223372036854775808+1234”

首先需要将被加数和加数的数位靠右对齐，然后由右至左依次计算每个数位，如果超过 10 就产生进位。

如果将两个整数逆序书写，然后列竖式计算，得到的结果也是逆序的，参见图 5-9。

| | 8 | 0 | 8 | 5 | 7 | 7 | 4 | 5 | 8 | 6 | 3 | 0 | 2 | 7 | 3 | 3 | 2 | 2 | 9 |
|---|---|---|---|---|---|---|---|---|---|---|---|---|---|---|---|---|---|---|---|
| + | 4 | 3 | 2 | 1 | | | | | | | | | | | | | | | |
| | 1 | | 1 | | | | | | | | | | | | | | | | |
| | 2 | 4 | 0 | 7 | 7 | 7 | 4 | 5 | 8 | 6 | 3 | 0 | 2 | 7 | 3 | 3 | 2 | 2 | 9 |

图 5-9　列竖式逆序计算“9223372036854775808+1234”

如果把这两个整数的每个数位按照字符逆序存储在两个数组中，再让这两个数组对应的数位进行累加计算，并将结果存储在第 3 个数组中，那么逆序输出第 3 个数组中的字符就可以得到大数计算的结果。

例如，分别用字符数组 *a*，*b*，*c* 逆序存储被加数 9223372036854775808、加数 1234、和，参见图 5-10。

| *a* | 8 | 0 | 8 | 5 | 7 | 7 | 4 | 5 | 8 | 6 | 3 | 0 | 2 | 7 | 3 | 3 | 2 | 2 | 9 |
|---|---|---|---|---|---|---|---|---|---|---|---|---|---|---|---|---|---|---|---|
| *b* | 4 | 3 | 2 | 1 | | | | | | | | | | | | | | | |
| *c* | 2 | 1 | 0 | 0 | 0 | 0 | 0 | 0 | 0 | 0 | 0 | 0 | 0 | 0 | 0 | 0 | 0 | 0 | 0 |

图 5-10　用数组存储被加数、加数与和

数组 *c* 中每个元素的初始值为 0，如果 $a[i] + b[i] + c[i]$的值小于 10，那么 $c[i] = a[i] + b[i] + c[i]$，否则 $c[i] = a[i] + b[i] + c[i] - 10$，同时 $c[i + 1] = 1$，用于保存进位。

在图 5-10 中，$a[0] + b[0] + c[0] = 8 + 4 + 0 = 12$，结果大于 10，因此 $c[0] = 12 - 10 = 2$，同时 $c[1] = 1$。依次计算出数组 *c* 中所有元素的值，参见图 5-11。

| *a* | 8 | 0 | 8 | 5 | 7 | 7 | 4 | 5 | 8 | 6 | 3 | 0 | 2 | 7 | 3 | 3 | 2 | 2 | 9 |
|---|---|---|---|---|---|---|---|---|---|---|---|---|---|---|---|---|---|---|---|
| *b* | 4 | 3 | 2 | 1 | | | | | | | | | | | | | | | |
| *c* | 2 | 4 | 0 | 7 | 7 | 7 | 4 | 5 | 8 | 6 | 3 | 0 | 2 | 7 | 3 | 3 | 2 | 2 | 9 |

图 5-11　用数组实现大数计算

利用数组来实现两个大数求和运算的方法被称为数组法。大数求和的基本思想是：使用字符数组来保存用户的输入数字和运算结果，将两个大数的每一位数字分别存储在两个数组中，然后模拟人工列竖式算加法的方式，对两个数组的数组元素从最低位开始相加，并判断是否进位，一直到最高位结束。

### 5.2.2　大数求和的程序实现

**【例 5.3】** 数组法求两个大整数的和。

问题分析：从键盘以字符串的方式将两个大数读入到数组 *a* 和数组 *b* 中。设计一个逆序函数 reverse 对数组 *a* 和数组 *b* 中的字符串进行逆序排列。设计一个 bigDataSum 函数完成“列竖式”计算。

算法设计：算法描述参见图 5-12。假设数组 *a* 中的数字位数多，位数为 *n*，数组 *b* 中的数字位数少，位数为 *m*。

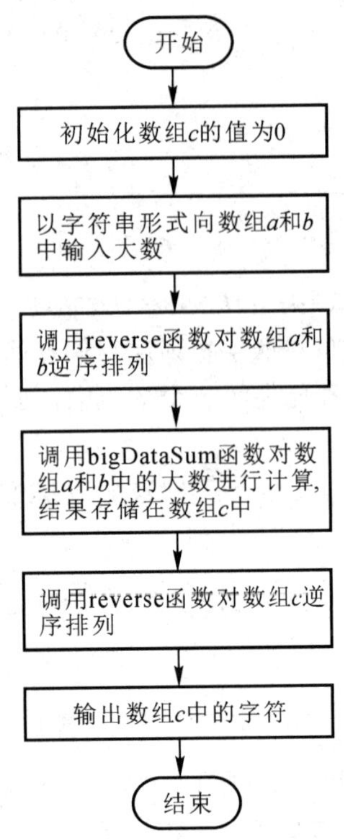


图 5-12 用数组法求大数和的流程

如果要将数组中元素的排列由正序变为逆序，只要将首尾相对应位置的数组元素位置对调就可以实现。函数 reverse 的实现代码如下：

```
int reverse(char a[N])
{
    int i, temp, len=strlen(a);          //调用 strlen 函数获得大数的位数
    for (i=0; i<len/2; i++)              //将数组 a 中的数组元素按照首尾相对应位置做对调
    {
        temp=a[i];  //从首部 0 开始第 i 个元素与从尾部 len-1 倒数第 i 个元素 len-1-i 的位置对调
        a[i]=a[len-1-i];
        a[len-1-i]=temp;
    }
    return len;
}
```

数组 $a$ 和数组 $b$ 中存储的大数的字符串长度可能是不同的，也就是说两个进行计算的大数的数位长度可能是不同的。在“列竖式”计算时，两个数组元素中的字符数字需要先转换成整数，然后再求和，最后判断是否需要进位。另外，两个数组的数位对齐后，非对齐数位和对齐数位的处理方法是不同的，因此需要先判断数组 $a$ 和数组 $b$ 中大数数位的长短。

bigDataSum 函数有 4 个输入数据：数位较长数组的地址 char* l，数位较短数组的地址

char* s，数位较长的大数的长度 $n$，数位较短的大数的长度 $m$。bigDataSum 函数的算法描述参见图 5-13。

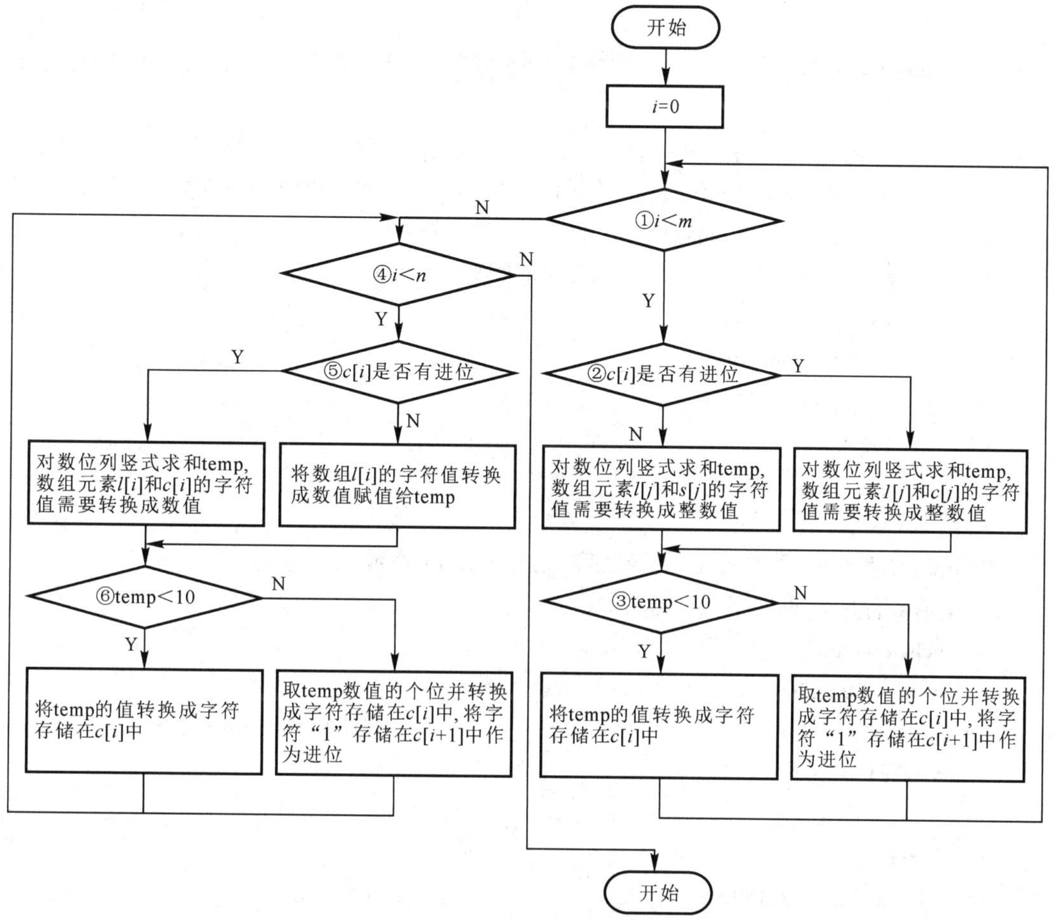


图 5-13　用数组法求大数和的算法

函数 bigDataSum 的实现代码如下：

```
void bigDataSum(char* l, char* s, char* c, int n, int m)
{
    int i, temp;
    for(i=0; i<m; i++)            //先用“列竖式”计算对齐数位，m 是较短数位大数的长度
    {
        if(c[i] == 0) temp = l[i]+s[i]-2*'0'; //没有进位，将 l[i]和 s[i]中的字符值转换成整数值后求和
        else temp = l[i]+s[i]+c[i]-3*'0';
                    //有进位，将 l[i]、s[i]和 c[i]中的字符值转换成整数值后求和
        if(temp<10) c[i] = temp+'0';
                    //数位求和后，若未超过 10，直接将 temp 中数值转换成字符存储在 c[i]中
        else
        {
            c[i]=temp-10+'0'; //超过 10，将 temp 中数值的个位转换成字符后，存储在 c[i]中
```

```
                c[i+1]=1+'0';          //保存进位字符'1'到 c[i+1]中，参与下一个数位的计算
            }
        }
        for(; i<n; i++)                //继续"列竖式"计算未对齐数位，n 是较长数位大数的长度，
        {
            if(c[i] == 0) temp = l[i]-'0'; //没有进位，将 l[i]中的字符值转换成整数值后存储到 temp 中
            else temp=l[i]+c[i]-2*'0';     //有进位，将 l[i]、s[i]和 c[i]中的字符值转换成整数值后求和
            if(temp<10) c[i]=temp+'0';     //无进位的处理，与上同
            else                           //有进位的处理，与上同
            {
                c[i]=temp-10+'0';
                c[i+1]=1+'0';
            }
        }
    }
```

在 main 函数中，调用 reverse 函数和 bigDataSum 函数。

main 函数程序代码如下：

```
#include <stdio.h>
#include <string.h>
#define N 100                                       //假设大数和不超过 100 位
int main()
{
    int n, m;
    int reverse(char a[N]);                         //函数声明
    void bigDataSum(char* l, char* s, char* c, int n, int m); //函数声明
    char a[N], b[N], c[N]={0};                      //默认无进位
    scanf("%s%s", a, b);                            //输入大数
    n=reverse(a);                                   //逆序排列
    m=reverse(b);                                   //逆序排列
    if (n<m) bigDataSum(b, a, c, m, n);             //大数求和
    else bigDataSum(a, b, c, n, m);                 //大数求和
    reverse(c);                                     //逆序排列
    printf("%s", c);                                //输出大数和
    return 0;
}
```

### 5.2.3 阶乘的精确计算

计算阶乘的普通算法如下：

```
int fun(int n){
    int i;
    int s=1;
    for(i=1; i<=n; i++)
    s*=i;
    return s;
}
```

故需要引入高精度算法。

当输入为不超过 1000 的正整数时，一般可以直接计算出结果，例如输入 30，输出 265252859812191058636308480000000。

但当输入等于成或超过 1000 时，采用上述算法会产生溢出。例如，1000 的阶乘约为 $4\times10^{2567}$，大概 3000 位数字。

引入一个长度为 3000 的数字 a_int，让 a_int[0]保留个位，a_int[1]保留十位，a_int[2]保留百位……为什么要这么做，可做以下分析：

当 $n=1$ 时，最终结果为 1，a_int[0] = 1，其他位为 0。

当 $n=2$ 时，最终结果为 2，a_int[0] = 1 × 2 = 2，其他位为 0。

当 $n=3$ 时，最终结果为 6，a_int[0] = 2 × 3 = 6，其他位为 0。

当 $n=4$ 时，最终结果为 24，a_int[0] = 6 × 4 = 24，此时需要将十位和个位拆开，a_int[0] = 4，a_int[1] = 2，其他位为 0。

当 $n=5$ 时，最终结果为 120，此时 a_int[0]与 a_int[1]分别乘以 5，4 × 5 = 20 的个位 0 放在 a_int[0]，而其十位需要进位，2 × 5 = 10 为百位和十位，再加上刚才的进位，得百位十位为 12，拆开为 a_int[1] = 2，a_int[2] = 1，其他位为 0。

抽象分析，假设 $i!=1\times2\times3\times\cdots\times i$ 结果已经算出并保存在 $j$ 个数据单元里，即 $i!=$ a_int[j]a_int[j-1]⋯a_int[2]a_int[1]a_int[0]，故输入 $i+1$ 时，按照要求：$(i+1)!=1\times2\times3\times\cdots\times(i+1)$，可写出如下乘法竖式：

对于个位 a_int[0]：a_int[0]*$(i+1)$所得数值取其个位保留在 a_int[0]，剩余的位作为进位。

对于十位 a_int[1]：a_int[1]*$(i+1)$所得数值再加上个位的进位取其个位保留在 a_int[1]，剩余的位作为进位。

……

对于第 $k$ 位 a_int[k-1]：a_int[k-1]*$(i+1)$所得数值取其个位保留在 a_int[k-1]，剩余的位作为进位。

根据以上分析，编写高精度的阶乘算法程序代码如下：

```
#include <stdio.h>
#include <string.h>
#include <iostream>
using namespace std;
int main()
{
```

```
    int n, a[5000], s, i, j, t, d;
    scanf("%d", &n);
    memset(a, 0, sizeof(a));
    a[0]=1;
    d=1;
    for(i=2; i<=n; i++)
    {
        s=0;
        for(j=0; j<d; j++)
        {
            t=a[j]*i+s;                //当前位置的数之前在这个位置上的数乘以 i,
            a[j]=t%10;                 //然后加上前一位数的进位
            s=t/10;
        }
        while(s)
        {
            a[d++]=s%10;
            s/=10;
        }
    }
    for(i=4900; a[i] == 0; i--);
    for(j=i; j>=0; j--)
        printf("%d", a[j]);
    printf("\n");
    return 0;
}
```

由此可见，高精度运算的主要实质为数组模拟大数进行逐位运算，理解起来不算非常复杂，因此通过进一步封装得到高精度模板，就能方便简洁地实现相应的大数运算。

## 5.3 本章小结

计算机技术应用的发展，海量数据的处理需求的出现，使得字符匹配算法越来越重要，而且匹配算法越快越好。在网络速度迅速发展的今天，基于字符匹配技术的网络应用存在着性能瓶颈，因此研究各种各样的匹配算法，以提高系统的整体性能，是研究者和程序设计者的主要工作。

由于现有计算编程语言的数据类型限制，对于大数据的存储能力与计算能力有限。因此在进行大数据运算时，将大数据拆分成多个小数据，使用编辑语言能够计算的小数据进行计算，再将小数据合并成大数据。

本章的知识点参见图 5-14。

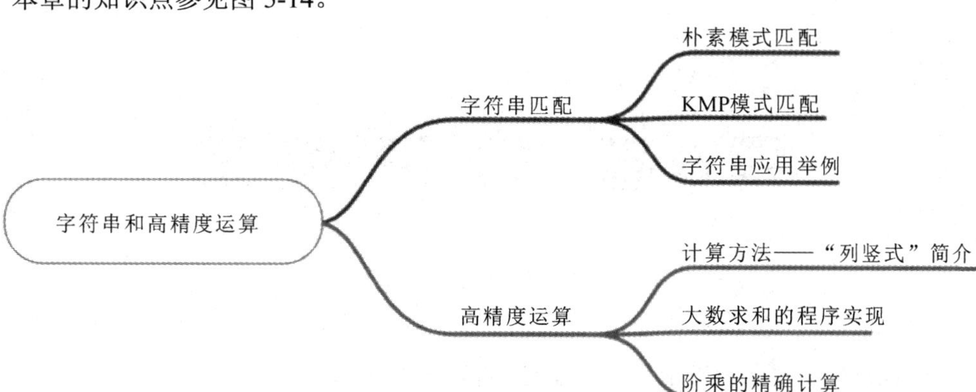


图 5-14　字符串和高精度运算知识点

# 第6章　图论算法

图论(Graph Theory)是数学的一个分支，它以图为研究对象。图是由若干给定的点及连接两点的边所构成的图形，通常用来描述某些事物之间的某种特定关系，用点代表事物，用连接两点的边表示相应两个事物间具有的某种关系。

在计算机科学技术的许多学科中，如数据结构、操作系统、编译方法、网络理论、信息的组织与检索，均离不开这种由“结点”和“边”组成的图，除了这些学科外，在很多的应用领域，如集成电路的布线、网络线路的铺设、各类关系表示等都需要抽象成图来解决及优化。本章节重点介绍图论中的最小生成树、最短路径、最大匹配等问题所使用到的算法等知识。

## 6.1　最小生成树

实际应用中很多问题都需要抽象成赋权图来解决，而赋权图最关心的、也是最有用的是最小生成树。这里介绍它的概念及生成算法。

设 G 为连通的边赋权图，T 为 G 的生成树，那么 T 中各边权之和则称为生成树 T 的权，权值最小的生成树称为最小生成树。赋权图求最小生成树的问题具有很大的应用价值，例如用最低的造价建造公路把 $n$ 个城市连接起来、用最低成本的线路将 $n$ 个站点连成一个网络，等等。求解最小生成树的经典算法——克鲁斯克尔(Kruskal)算法，由 Joseph Kruskal 在 1956 年发表。

Kruskal 算法简单直观，其基本思想是：首先将边的权值从小到大排序，然后逐边将它们放回到所关联的顶点上。每次添加一条边前，需要检查添加的这条边是否会产生回路，如果产生回路，那么就舍弃这条边，选择下一条边，直至产生一个 $n-1$ 条边的无回路的子图。由于该算法得到的子图没有回路，且 $m=n-1$，根据树的定理性质，很容易证明产生的图是 G 的生成树，因为它是按照边的权值大小顺序逐步添加，所以得到一棵最小生成树。Kruskal 算法同样适用于边权相同的赋权图，相同权值的边可以按任意次序排列，得到的都是最小生成树。

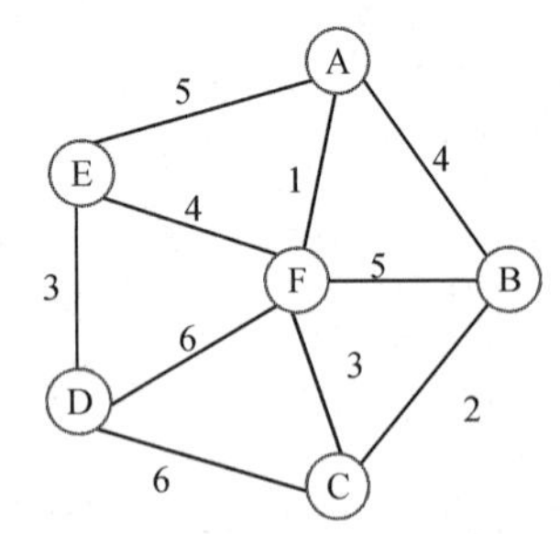

图 6-1　需找出最小生成树的图

**【例 6.1】** 求图 6-1 中的一棵最小生成树，并计算该生成树的权值。

解：Kruskal 边权排序：

1(AF) < 2(BC) < 3(CF) = 3(DE) < 4(AB) = 4(EF) < 5(AE) = 5(BF) < 6(DF) = 6(CD)

选边：1(AF)、2(BC)、3(CF)、3(DE)、4(EF)

Kruskal 算法求最小生成树的过程如图 6-2 所示。

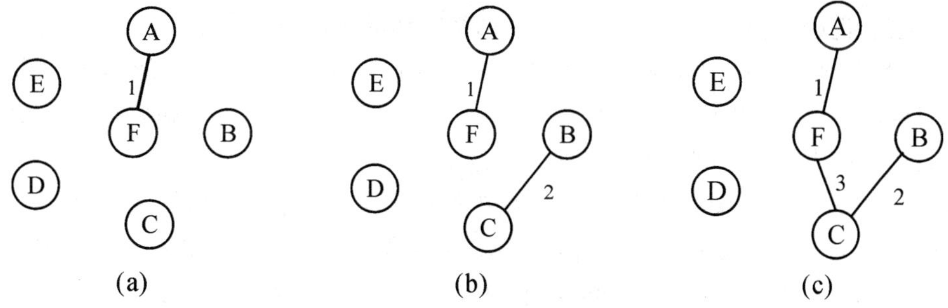


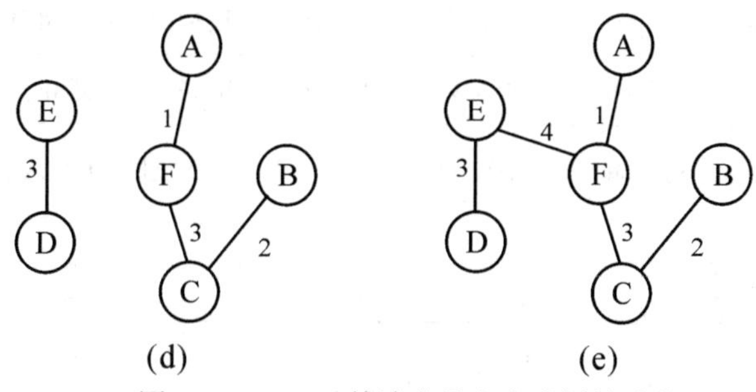


图 6-2　Kruskal 算法求最小生成树的过程

图中 6 个顶点，已选 5 条边，得到最小生成树，权值为 13。

Kruskal 算法主要围绕边及其权值展开，也就是说需要定义数据结构用于存储每条边及其权值，每条边可以通过边的两个结点描述，因此，定义以下结构体用于描述边：

```
typedef struct
{
    int start;                //边的起点结点
    int end;                  //边的终点结点
    int value;                //边的权值
} Edges;
```

因为赋权图通常使用邻接矩阵描述，那么边的数组需要通过遍历邻接矩阵来转换，且按照边的权值升序排序。为了判断添加某边是否会产生回路，定义以下一个寻找某结点父结点的函数 searchFather：

```
int searchFather(int father[], int start)                //查找 start 结点的父结点
{
    while(father[start]>0)
        start=father[start];
    return start;
}
```

克鲁斯克尔算法描述：

(1) 设置计数器 count，用于统计添加的边的数量；初始化 father 数组，用于记录每个结点的父结点，初始值为 0。

(2) 通过邻接矩阵构造边的数组，并将边按照边的权值升序排序。

(3) 按照权值选取边，如果当前边的起始结点的父结点不等于当前边的终点结点的父结点，则将这条边加入生成树，计数器 count 加 1，设置 father 数组；如果相等，表示如果加入这条边会产生回路，则舍去这条边，继续取下一条边。

(4) 如果 count 等于图的顶点数－1，根据树的定义，最小生成树创建结束。

以图 6-1 为例，详细说明克鲁斯克尔算法的实现过程，边的数组 edges 元素如表 6-1 所示。以 1(AF)为例，1(AF)表示 edges[0]，1 表示权值，A、F 分别表示起点和终点。

**表 6-1　边的数组 edges**

| edges[0] | edges[1] | edges[2] | edges[3] | edges[4] | edges[5] | edges[6] | edges[7] | edges[8] | edges[9] |
|---|---|---|---|---|---|---|---|---|---|
| 1(AF) | 2(BC) | 3(CF) | 3(DE) | 4(AB) | 4(EF) | 5(AE) | 5(BF) | 6(DF) | 6(CD) |

初始化 father 数组，初始值如下(0、1、2、3、4、5 分别对应 A、B、C、D、E、F 结点)：

| 下标 | 0 | 1 | 2 | 3 | 4 | 5 |
|---|---|---|---|---|---|---|
| | 0 | 0 | 0 | 0 | 0 | 0 |

按照权值排序，依次选取边。

(1) 选取 edges[0]，判断出边的起始结点的父结点和终点的父结点不相等，因此把 AF 边加入最小生成树中，并且设置 father[0] = 5，即 A 点的父结点为 F 点，如图 6-3 所示。

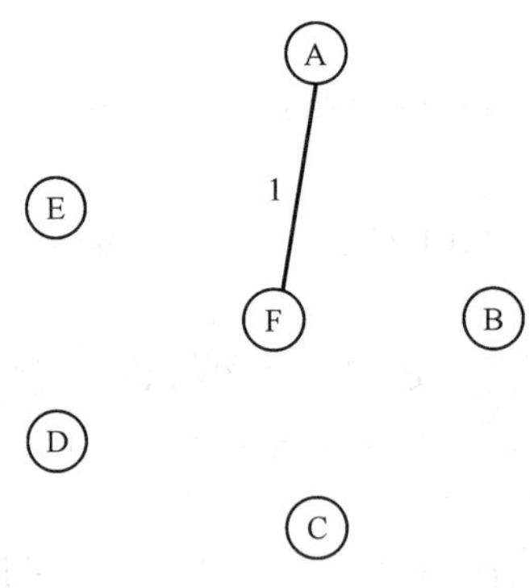


图 6-3　加入第一条边 AF

此时 father 数组值：

| 下标 | 0 | 1 | 2 | 3 | 4 | 5 |
|---|---|---|---|---|---|---|
| | 5 | 0 | 0 | 0 | 0 | 0 |

(2) 选取 edges[1]，判断出两个点的父结点返回值不相等，因此把 BC 边加入到最小生

成树中，并且设置 father[1] = 2，如图 6-4 所示。

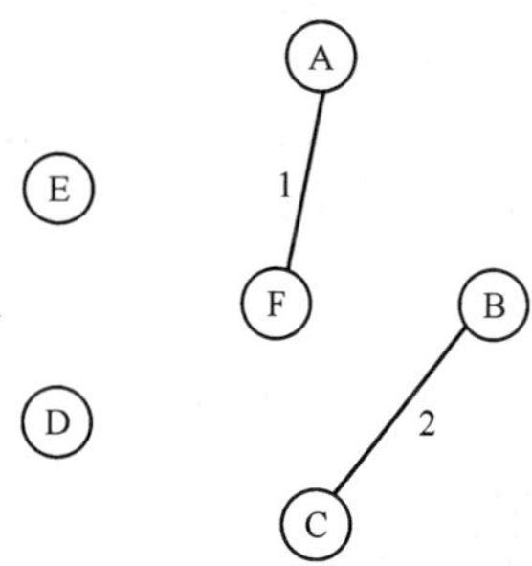


图 6-4　加入第二条边 BC

这时 father 数组值：

| 下标 | 0 | 1 | 2 | 3 | 4 | 5 |
|---|---|---|---|---|---|---|
| | 5 | 2 | 0 | 0 | 0 | 0 |

(3) 选取 edges[2]，同样判断出两个点的父结点返回值不相等，因此把 CF 边加入到最小生成树中，并且设置 father[2] = 5，如图 6-5 所示。

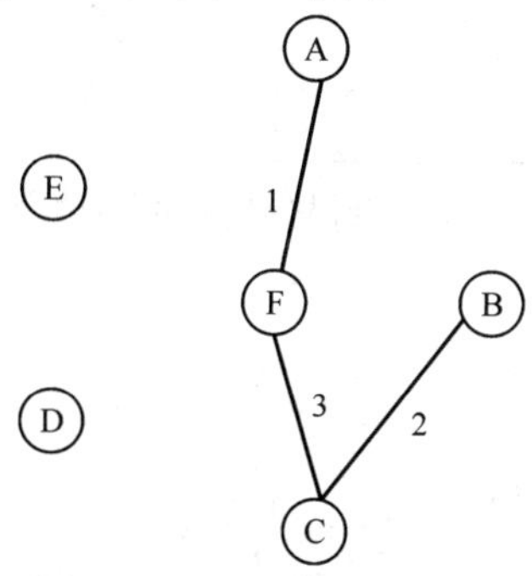


图 6-5　加入第三条边 CF

此时 father 数组值：

| 下标 | 0 | 1 | 2 | 3 | 4 | 5 |
|---|---|---|---|---|---|---|
| | 5 | 2 | 5 | 0 | 0 | 0 |

(4) 选取 edges[3]，同样判断出这两个点的父结点返回值不相等，因此把 DE 边加入最小生成树中，并且设置 father[3] = 4，如图 6-6 所示。

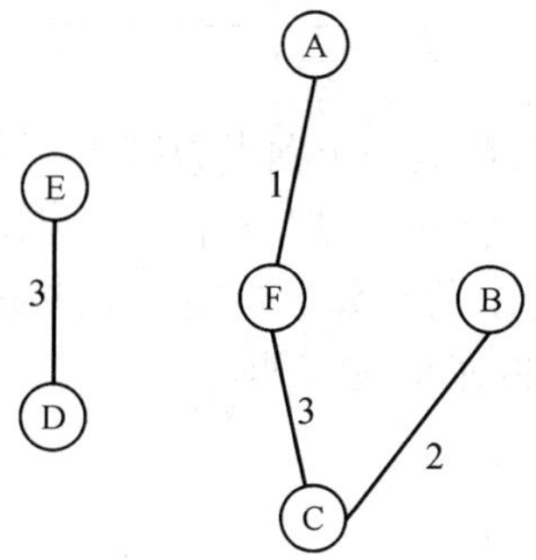


图 6-6　加入第四条边 DE

此时 father 数组值：

| 下标 | 0 | 1 | 2 | 3 | 4 | 5 |
|---|---|---|---|---|---|---|
| | 5 | 2 | 5 | 4 | 0 | 0 |

(5) 选取 edges[4]，判断出这两个点的父结点返回值相等，因此判断加入 AB 边会形成回路，丢弃 AB 边，如图 6-7 所示。

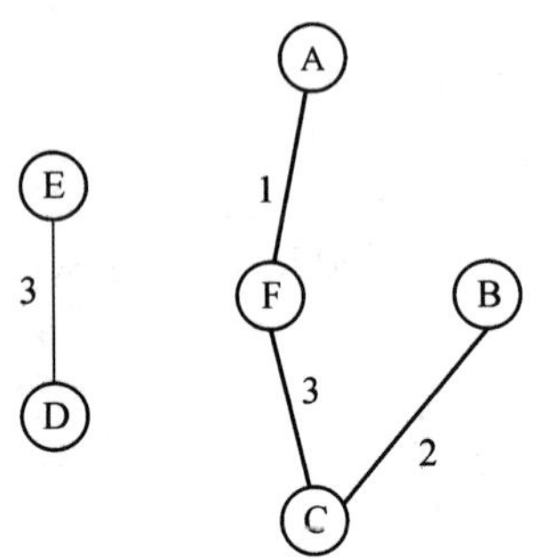


图 6-7　丢弃 AB 边

此时 father 数组值：

| 下标 | 0 | 1 | 2 | 3 | 4 | 5 |
|---|---|---|---|---|---|---|
| | 5 | 2 | 5 | 4 | 0 | 0 |

(6) 选取 edges[5]，判断出这两个点的父结点返回值不相等，因此将 EF 边加入最小生成树中，如图 6-8 所示。

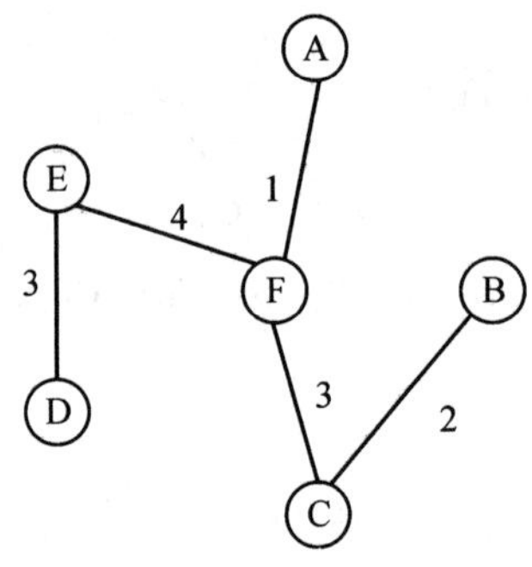


图 6-8　加入第六条边 EF

这时 father 数组值：

| 下标 | 0 | 1 | 2 | 3 | 4 | 5 |
|---|---|---|---|---|---|---|
| | 5 | 2 | 5 | 4 | 5 | 0 |

(7) 当加入了五条边后，因为边数等于顶点数减 1，则生成树构造完成。

**【例 6.2】** 用最低的造价建造公路，把 *n* 个城市连接起来。假设公路造价 1 万元/千米，城市之间的距离如图 6-1 所示，请计算最少需要多少造价才能把这 *n* 个城市连接起来。

解题思路：按照最小生成树的求解过程即可。

实现代码如下：

```
#include <stdio.h>
#include <stdlib.h>
```

```
#define MAX 99999
#define N 200
typedef struct
{
    int start;
    int end;
    int value;
} Edges;
int e=0;                                        //图的边数，全局变量
int searchFather(int    father[], int start)    //查找 start 结点的父结点
{
    while(father[start]>0)
        start=father[start];
    return start;
}
void sort_edges(Edges edges[N*N])               //冒泡排序
{
    int i, j;
    for (i=1; i<=e-1; i++)
    {
        for (j=0; j<e-i; j++)
        {
            if (edges[j].value > edges[j+1].value)
            {
                Edges temp;
                temp = edges[j];
                edges[j] = edges[j+1];
                edges[j+1] = temp;
            }
        }
    }
}
int main()
{
    int w[N][N];
    Edges edges[N*N];
    int father[N]={0}, endFather, startFather;
    int v;                                      //v 表示图的结点个数
```

```
    int i, j, count=0;
    printf("请输入顶点数：\n");
    scanf("%d", &v);
    for(i=0; i<v; i++)
      for(j=0; j<v; j++)
      {
          scanf("%d", &w[i][j]);
          if (w[i][j]!=0&&w[i][j]!=MAX)
          {
              edges[e].start=i;
              edges[e].end=j;
              edges[e++].value=w[i][j];
          }
      }
    sort_edges(edges);
    for (i = 0; i < e; i++)
    {
        startFather = searchFather(father, edges[i].start);        //查找起始结点的父结点
        endFather= searchFather(father, edges[i].end);             //查找终止结点的父结点
        if (startFather!= endFather)                              //父结点不相同，说明不会形成回路
        {
            count++;
            father[startFather] = endFather;
            printf("\n 边%d 到%d , 权值为  %d \n", edges[i].start, edges[i].end, edges[i].value);
        }
        if (count == v - 1)
            break;
    }
}
```

## 6.2 最短路径

边赋权图经常用于实际生活中的网络建模，如用边的权值表示公路里程、造价或者通信线路的带宽、数据传输时延等。很多时候，组成一条路径的各边权值之和具有某种物理意义，例如，代表连接两个城市的公路总里程或者总造价，或者代表两台计算机之间的数据传输总时延，往往需要找到两点之间里程(造价、时延)最小的那条路径，这就是最短路径问题。最短路径长度称为源点到终点的距离。最短路径问题十分复杂，为简单起见，首先介绍单源最短路径问题的 Dijkstra 算法。

### 6.2.1　Dijkstra 算法

单源最短路径首先固定一个结点为源点，然后求源点到图中其他各个结点的最短路径。单源最短路径可构成一棵根树，源点为树根。Dijkstra 算法有个限制就是只讨论边权值为正实数的图。以边权值为正实数的有向图为例(边权值为正实数的无向图可以看成双向的有向图)，Dijkstra 算法描述如下：

(1) 对每个顶点进行状态标记，初始化为 0，如果已经计算出最短路径的点，那么该点标记为 1，标记为 0 的点是未确定最短路径的点；

(2) 使用邻接矩阵 **w** 来描述赋权图，一维数组 dis 存储源点 *s* 到其他点的边权值，初始值是 **w** 中的以 *s* 为源点的那一行；

(3) 选取 dis 数组中最小元素 dis[*x*](意味着源点 *s*→*x* 结点的路径最短)，并将此 dis[*x*]边对应的点的标记设置为 1；

(4) 把 *x* 作为中间点，找到与 *x* 相邻的所有的结点，以相邻结点 *y* 为例，对 *y* 进行以下判断：

如果 dis[*y*]> dis[*x*] + **w**[*x*][*y*]，那么更新 dis[*y*]的值为 dis[*x*] + **w**[*x*][*y*]，即如果当前已知的 *s*→*y* 的最短路径的值大于源点 *s* 经由 *x* 再到 *y* 的值，则意味着源点 *s* 经由 *x* 再到 *y* 的路径更短，那么 dis[*y*]的值就由 dis[*x*] + **w**[*x*][*y*]代替。与 *x* 相邻的所有点都需完成这个步骤。

(5) 重复(3)和(4)两步，直到所有的点均标记为 1，此时 dis 中存储的是源点到每个结点的最短路径长度。

以图 6-9 为例，依据上述算法描述详细分析最短路径的实现过程。初始状态下，所有点的状态标记均为 0，dis 数组的值如下所示。在描述的过程中为了便于说明问题，使用顶点 A、B、C、D、E、F 作为数组下标。

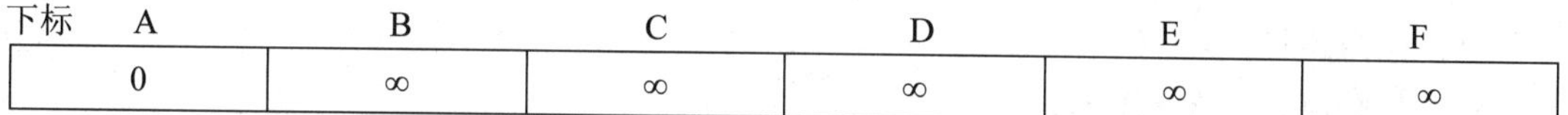

| 下标　A | B | C | D | E | F |
|---|---|---|---|---|---|
| 0 | ∞ | ∞ | ∞ | ∞ | ∞ |

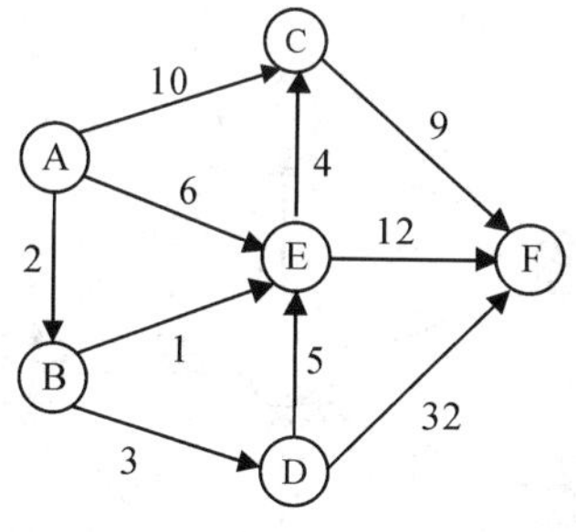


图 6-9　示例图

(1) 第一次循环。A 为源点，选取数组中最小值 0，A 顶点标记为 1。如图 6-10 所示。以 A 为中间点，出去三条边分别指向 B、C 和 E，分别计算 AB、AC、AE。首先计算 AB 距离，dis[A] + **w**[A][B] = 2，小于 dis[B]，更新 dis[B]为 2，以此类推，更新 dis[C]为 10，dis[E]为 6。

此时 dis 数组值：

| 下标　A | B | C | D | E | F |
|---|---|---|---|---|---|
| 0 | 2 | 10 | ∞ | 6 | ∞ |

因此，以 A 为中间点，到各个顶点的最短路径如下：

AB 最短路径：A→B

AC 最短路径：A→C

AE 最短路径：A→E

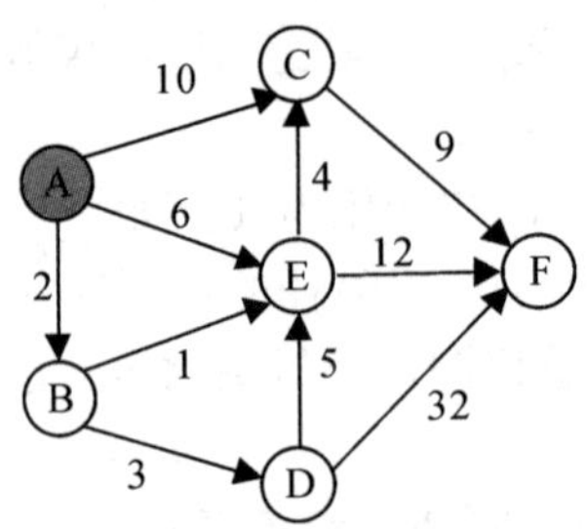


图 6-10　第一次循环

(2) 除去 dis[A](因为 A 已经被标记为 1)，从数组中选择最短距离 2(AB)，把 B 点标记为 1。选出点 B，如图 6-11 所示。把 B 作为中间点，由 B 点出去两条边为 BE 和 BD，分别计算 AD 距离和 AE 距离。首先计算 AD，从 A 出发，若经过 B 到达 D，距离是 dis[B] + ***w***[B][D] = 5，小于 dis[D](∞)，那么更新 dis[D]为 5；再计算 AE，距离是 dis[B] + ***w***[B][E] = 3，小于 dis[E](6)，更新 dis[E]为 3。

此时 dis 数组值：

| 下标 A | B | C | D | E | F |
|---|---|---|---|---|---|
| 0 | 2 | 10 | 5 | 3 | ∞ |

因此，以 B 为中间点，到各个顶点的最短路径如下：

AB 最短路径：A→B

AC 最短路径：A→C

AD 最短路径：A→B→D

AE 最短路径：A→B→E

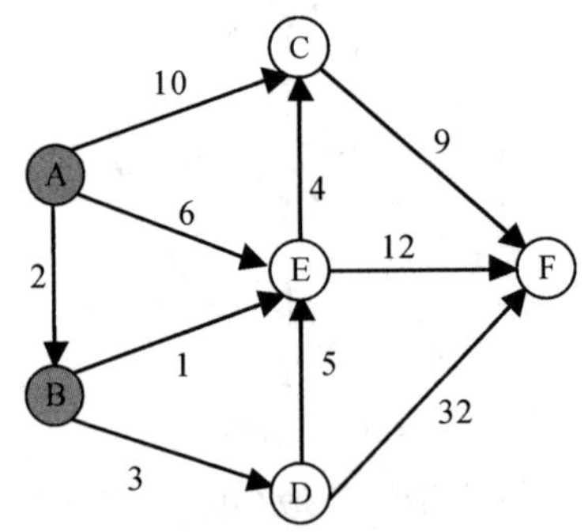


图 6-11　第二次循环

(3) 除去 dis[A]、dis[B]，选最短距离 3(A 到 E)，选出 E 点，将 E 点标记为 1，如图 6-12 所示。把 E 作为中间点，E 往外有两条边，两条边指向 C 和 F，分别计算 AC 距离和 AF 距离。首先计算 AC 距离，dis[E] + ***w***[E][C] = 7，小于 dis[C](10)，更新 dis[C]为 7；然后计算 AF 距离，dis[E] + ***w***[E][F] = 15，小于 dis[F](∞)，更新 dis[F]为 15。

此时 dis 数组值：

| 下标 | A | B | C | D | E | F |
|---|---|---|---|---|---|---|
| | 0 | 2 | 7 | 5 | 3 | 15 |

因此，以 E 为中间点，到各个顶点的最短路径如下：

AB 最短路径：A→B

AC 最短路径：A→B→E→C

AD 最短路径：A→B→D

AE 最短路径：A→B→E

AF 最短路径：A→B→E→F

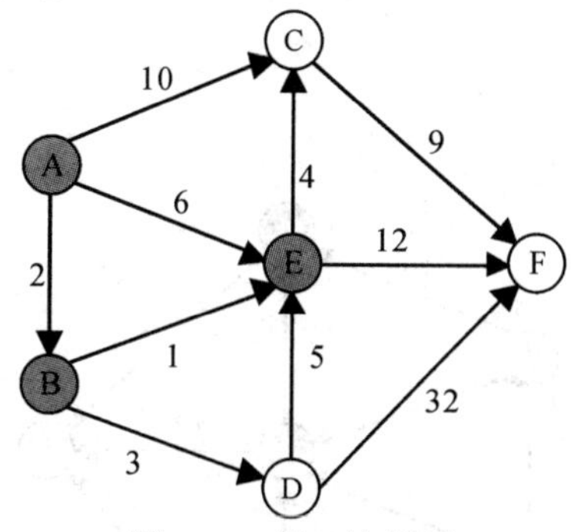


图 6-12 第三次循环

(4) 除去 dis[A]、dis[B]、dis[E]，选最短距离 5(A 到 D)，选出 D 点，将 D 点标记为 1，如图 6-13 所示。D 作为中间点，D 往外有两条边，两条边指向 E 和 F，由于 E 已经被标记，那么只需计算 AF 距离，dis[D] + ***w***[D][F] = 37，大于 dis[F]( 15)，因此 dis[F]不变。

此时，dis 数组值：

| 下标 | A | B | C | D | E | F |
|---|---|---|---|---|---|---|
| | 0 | 2 | 7 | 5 | 3 | 15 |

因此，以 D 为中间点，到各个顶点的最短路径如下：

AB 最短路径：A→B

AC 最短路径：A→B→E→C

AD 最短路径：A→B→D

AE 最短路径：A→B→E

AF 最短路径：A→B→E→F

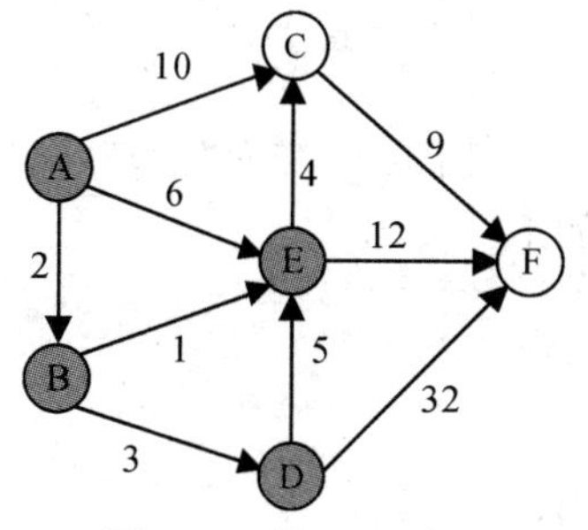


图 6-13 第四次循环

(5) 除去 dis[A]、dis[B]、dis[E]、dis[D]，选最短距离 7(A 到 C)，选出 C 点，将 C 点标记为 1，如图 6-14 所示。C 作为中间点，C 往外有一条边，指向 F，计算 CF 距离，dis[C] + *w*[C][F] = 16，大于 dis[F](15)，因此 dis[F]不变。

此时 dis 数组值：

| 下标 A | B | C | D | E | F |
|---|---|---|---|---|---|
| 0 | 2 | 7 | 5 | 3 | 15 |

因此，以 C 为中间点，到各个顶点的最短路径如下：

AB 最短路径：A→B

AC 最短路径：A→B→E→C

AD 最短路径：A→B→D

AE 最短路径：A→B→E

AF 最短路径：A→B→E→F

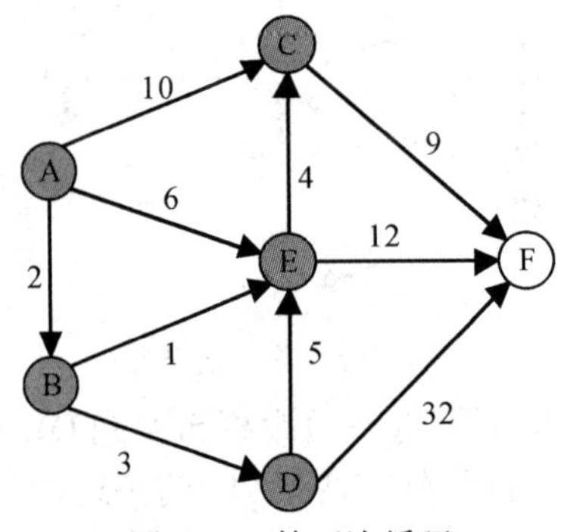


图 6-14　第五次循环

(6) 选取最小值 15，以 F 为中间点，由于没有出去的边，将 F 点标记为 1，循环结束，如图 6-15 所示。

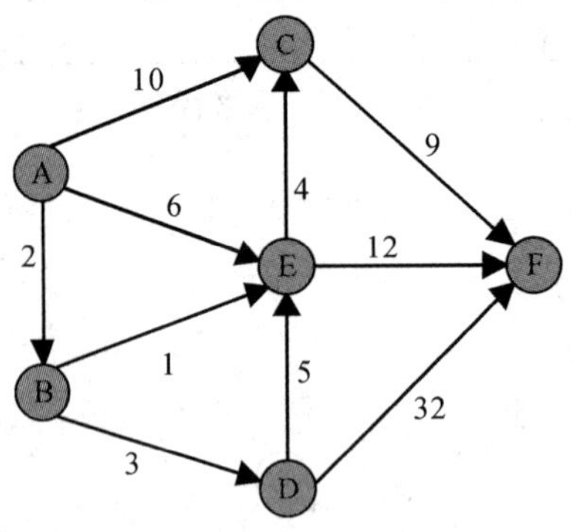


图 6-15　第六次循环

因此，该问题的最短路径如下：

AB 最短路径：A→B

AD 最短路径: A→B→D

AE 最短路径: A→B→E

AC 最短路径：A→B→E→C

AF 最短路径：A→B→E→F

使用 Dijkstra 算法只能求解权值为正的最短路径长度。如果使用 Dijkstra 算法求解图 6-16 中 AC 的最短路径长度，第一次循环标记点 A，数组 dis = {0, 8, 6}；第二次循环标记 C 点，以 C 为中间点，但是没有出去的边；第三次循环，未标记的只有 B，此时标记 B 点。到此 AC 的最短路径就是 6，而实际上 AC 最短路径需要加入边 BC，AC 的最短路径长度是 4，路径应该是 A→B→C。

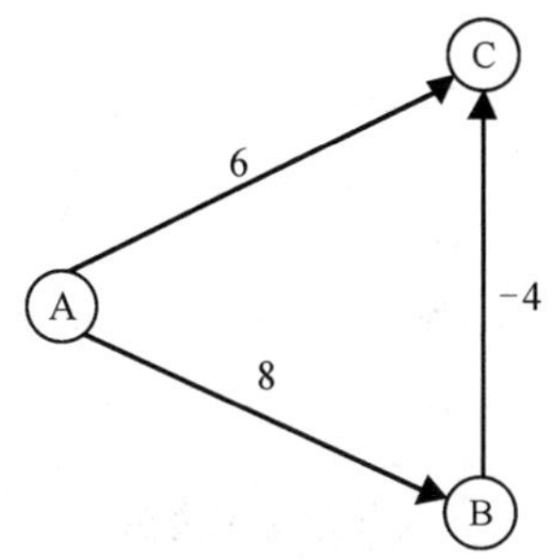


图 6-16　负权值的图

**【例 6.3】** 某国有 5 个城市，5 个城市之间共有 6 条路，都是双向路，每条路的长度如图 6-17 所示，求解第一个城市到所有城市之间的最短路径。

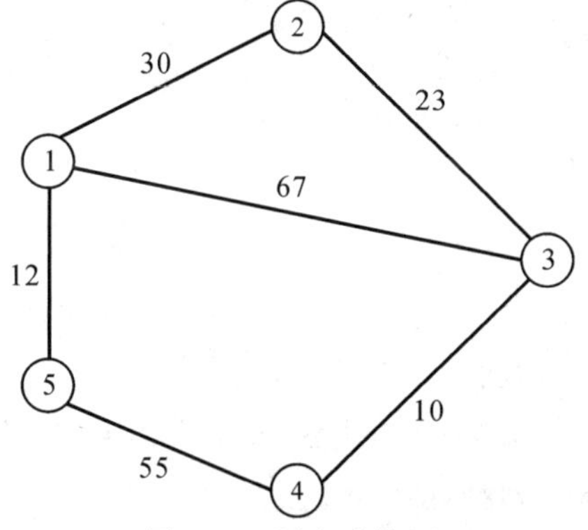


图 6-17　城市连接图

解题思路：这是典型的单源最短路径问题，使用 Dijkstra 算法进行求解即可，其实现代码如下：

```
#include <stdio.h>
#include <stdlib.h>
#define MAX 99999
#define   N 200
int main()
{
    int v;
    int w[N][N], dis[N]={0};                    //顶点个数
    int flag[N] = { 0 };
    int i, j, k;
    scanf("%d", &v);
```

```
        for(i=0; i<v; i++)
        for(j=0; j<v; j++)
        {
            scanf("%d", &w[i][j]);
        }
        for(int t=0; t<v; t++)
            dis[t]=w[0][t];
        printf("\n");
        for(i = 0; i <v; i++)
        {
            int min = MAX;
            int x = 0;
            for(j=0; j<v; j++)          // x 用于标记离源点最短距离的点
            {                   //该循环用于找出离源端最短距离的点，对应着算法描述是第 3 步
                if(flag[j] == 0 && dis[j]<=min)
                {
                    min = dis[j];
                    x = j;
                }
            }
            flag[x] = 1;
            for(y = 0; y <v; y++)                    // 标记查找到的最短距离的结点
            if(dis[y] > dis[x] + w[x][y])
                        //该循环对应着算法描述的是第 4 步，进行比较操作，找出更短的路径
                dis[y] = dis[x] + w[x][y];
        }
        for(int i=0; i<v; i++)
            printf("%d  ", dis[i]);
    }
```

### 6.2.2 使用优先队列的 Dijkstra 算法

使用 Dijkstra 算法解决最短路径问题时，大量时间都用在通过邻接矩阵 $\boldsymbol{w}$ 找边和搜索当前最短路径中，因此在搜索最短路径时每次都需要查找整个 dis 数组找到最小值。为了优化算法，可以使用优先级队列(priority_queue)查找 dis 数组中的最小值，也就是 Dijkstra 算法描述的第 3 步。优先队列是队列的一种特殊形式，它满足队列的所有条件，区别于队列的是优先队列中的元素按照某种特定顺序排列，优先级队列的插入、删除操作只需要 $\log v$($v$ 表示结点个数)的时间花费，节省了运行时间，因此使用优先队列的 Dijkstra 算法的时间复杂度为 $v\log v$。

### 6.2.3 Bellman-Ford 算法

Dijkstra 算法能解决单源最短路径问题，但是不能解决带有负权边(边的权值为负数)的图，而 Bellman-Ford 算法则可以解决边为负权的问题。

Bellman-Ford 算法的核心代码如下：

```
for(j= 1; j<= v - 1; j++)                    //v 表示结点数
for(i = 0; i <e; i++)                        //e 表示边数
    if(dis[edges[i].end] > dis[edges[i].start] + edges[i].value)
            dis[edges[i].end] =dis[edges[i].start] + edges[i].value;
```

以图 6-18 为例分析 Bellman-Ford 算法。这里假设 A 为源点，边数组 edges 如表 6-2 所示。

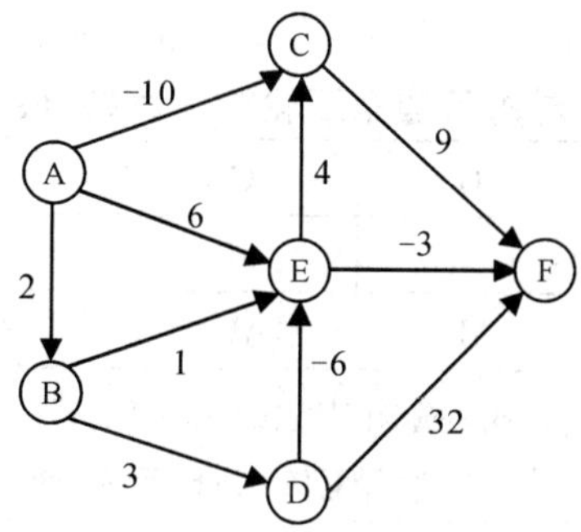


图 6-18　示意图

表 6-2　边数组 edges

| 边数组元素 | 起点 | 终点 | 权值 |
|---|---|---|---|
| edges[0] | C | F | 9 |
| edges[1] | E | F | -3 |
| edges[2] | D | F | 32 |
| edges[3] | D | E | -6 |
| edges[4] | E | C | 4 |
| edges[5] | B | D | 3 |
| edges[6] | A | C | -10 |
| edges[7] | B | E | 1 |
| edges[8] | A | E | 6 |
| edges[9] | A | B | 2 |

dis 数组初始值如表 6-3 所示。

表 6-3　dis 数组初始值

| 顶点 | A | B | C | D | E | F |
|---|---|---|---|---|---|---|
| dis 数组的值 | 0 | ∞ | ∞ | ∞ | ∞ | ∞ |

(1) 对每条边第一轮循环后，dis 数组值如表 6-4 所示。

表 6-4　对每条边第一轮循环后的 dis 数组值

| 顶点 | A | B | C | D | E | F |
|---|---|---|---|---|---|---|
| dis 数组的值 | 0 | 2 | −10 | ∞ | 6 | ∞ |
| 最短路径 |  | AB | AC |  | AE |  |

(2) 对每条边第二轮循环后，dis 数组值如表 6-5 所示。

表 6-5　对每条边第二轮循环后的 dis 数组值

| 顶点 | A | B | C | D | E | F |
|---|---|---|---|---|---|---|
| dis 数组的值 | 0 | 2 | −10 | 5 | 3 | −1 |
| 最短路径 |  | AB | AC | ABD | ABE | ACF |

(3) 对每条边第三轮循环后，dis 数组值如表 6-6 所示。

表 6-6　对每条边第三轮循环后的 dis 数组值

| 顶点 | A | B | C | D | E | F |
|---|---|---|---|---|---|---|
| dis 数组的值 | 0 | 2 | -10 | 5 | −1 | −1 |
| 最短路径 |  | AB | AC | ABD | ABDE | ACF |

(4) 对每条边第四轮循环后，dis 数组值如表 6-7 所示。

表 6-7　对每条边第四轮循环后的 dis 数组值

| 顶点 | A | B | C | D | E | F |
|---|---|---|---|---|---|---|
| dis 数组的值 | 0 | 2 | −10 | 5 | −1 | −4 |
| 最短路径 |  | AB | AC | ABD | ABDE | ABDEF |

(5) 对每条边第五轮循环后，dis 数组值如表 6-8 所示。

表 6-8　对每条边第五轮循环后的 dis 数组值

| 顶点 | A | B | C | D | E | F |
|---|---|---|---|---|---|---|
| dis 数组的值 | 0 | 2 | −10 | 5 | −1 | −4 |
| 最短路径 |  | AB | AC | ABD | ABDE | ABDEF |

由此可见，外循环需要循环 $v-1$ 次，其中 $v$ 表示顶点的个数，因为源点到目的点之间的最短路径最多包含 $v-1$ 边，如果超出 $v-1$ 条边，那么源点到目的点的路径中就存在回路。第 1 轮循环对所有的边进行比较后，得到的是从 A 顶点“只能经过一条边”到达其余各顶点的最短路径长度；第 2 轮对所有的边进行比较后，得到的是从 A 顶点“最多经过两条边”到达其余各顶点的最短路径长度；以此类推。

Bellman-Ford 算法可以解决赋权图中包含负权回路的问题，如图 6-19 所示，B→C→B 形成了一个权值为 −2 的回路。

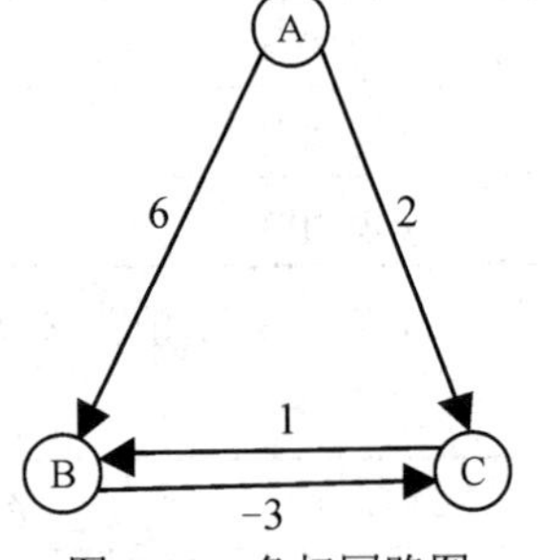


图 6-19　负权回路图

如何判断是否存在负权回路呢？其实只需要在完成核心代码的双重循环后，再次对所有的边进行循环，计算 dis 数组，如果发现数组元素有变小的情况，那么就可以判定存在有负权回路。可以通过加入标记 flag，如果 flag 发生变化说明 dis 数组元素变小，核心代码如下：

```
intflag=0;
for(i = 0; i < e; i++)                                              //e 表示边数
    if(dis[edges[i].end] > dis[edges[i].start] + edges[i].value){    //比较
        dis[edges[i].end] = dis[edges[i].start] + edges[i].value;
        flag=1
}
```

**【例 6.4】** 求出图 6-20 从 1 号顶点到其他顶点的最短路径。要求输入顶点数、边数及每条边的起始顶点、终点顶点和权值。

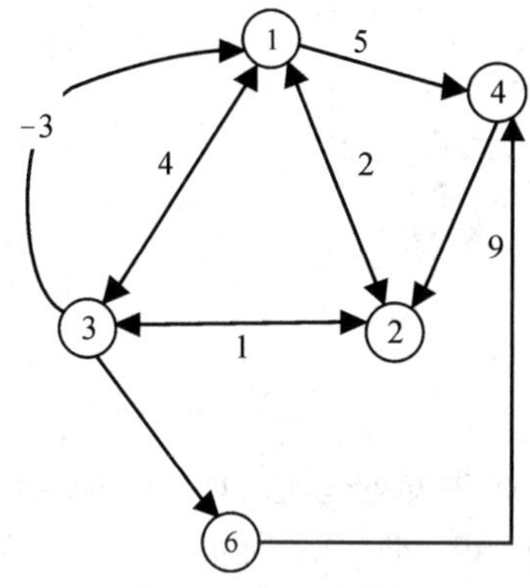


图 6-20　示意图

解题思路：任意两点之间最短路径使用 Bellman-Ford 算法求解，由于图中边有负权的情况，因此需要判断负权回路问题。

```
#include <stdio.h>
#define MAX 99999
#define N 100
typedef struct
{
    int start;
    int end;
    int value;
} Edges;
int main(){
    int dis[N];
    int w[N][N];
    Edges edges[N*N];
    int v, e=0, flag;
    printf("请输入顶点数\n");
    scanf("%d   ", &v);
    for(i=0; i<v; i++)
```

```
        for(j=0; j<v; j++)
        {
            scanf("%d", &w[i][j]);
            if (w[i][j]!=0&&w[i][j]!=MAX)
            {
                edges[e].start=i;
                edges[e].end=j;
                edges[e++].value=w[i][j];
            }
        }
        for(int i = 0; i <v; i++)
            dis[i] = MAX;
        dis[0] = 0;
        for(int k = 1; k <= v - 1; k++)
        {
            for(int j= 0; j< e; j++)
            {
                if(dis[edges[j].end]> dis[edges[j].start] + edges[j].value)
                    dis[edges[j].end] = dis[edges[j].start] + edges[j].value;
            }
        }
        flag = 0;
        for(int i = 0; i < e; i++)
        if(dis[edges[i].end]> dis[edges[i].start] + edges[i].value)
            flag = 1;
        if(flag == 1) printf( "图中有负权回路\n" );
        else{
            for(int i = 0; i < v; i++)
                printf("%d ", dis[i]);
    }
    return 0;
}
```

### 6.2.4 Floyd 算法

Floyd 算法适用于求解每对顶点之间的最短路径，也就是多源最短路径问题。Floyd 算法采用动态规划原理和逐步优化技术，容易理解，实现也较为简单。任意结点 $i$ 到 $j$ 的最短路径一般有两种可能：

(1) 直接从 $i$ 到 $j$；

(2) 从 $i$ 经过若干个结点 $k$ 到 $j$。

$W_{ij}$ 表示结点 $i$ 到 $j$ 最短路径的距离，对于每一个结点 $k$，判断 $W_{ij}>W_{ik}+W_{kj}$，如果成立，说明从 $i$ 到中间点 $k$，再由 $k$ 点到 $j$ 点的路径比 $i$ 直接到 $j$ 的路径短，那么 $W_{ij}=W_{ik}+W_{kj}$；修改 $P_{ij}$ 的路径，使得 $P_{ij}$ 为 $P_{ik}$ 连接 $P_{kj}$。遍历每个 $k$，并做上述的操作。

Floyd 算法描述：

```
void Floyd( 需要的参数)
{
    int i, j, k;
    for(i=0; i<v; i++)                    //v 为顶点的个数
        for(j=0; j<v; j++)
        {
            Wij = 边 ij 的长度;
            if  (Wij 不是无穷大) Pij = ij; else Pij = 空
        }
    //加入中间点
    for(k=0; k<v; k++)
        for(i=0; i<v; i++)
            for(j=0; j<v; j++)
        if (Wij>Wik+Wkj){
            Wij=Wik+Wkj
            Pij=Pik 链接 Pkj
      }
}
```

Floyd 算法对于边权可正可负，无负权回路即可，运行一次算法即可求得任意两点间的最短路径。以图 6-21 为例，给出 Floyd 算法的分析过程：

(1) 以 A 为中间点，执行内部的双层循环，得到的路径长度(邻接矩阵)及路径矩阵如表 6-9 和表 6-10 所示。

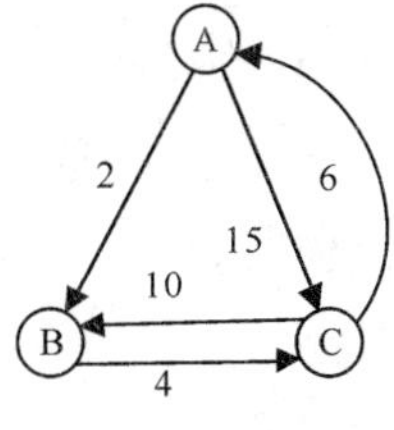


图 6-21　例图

表 6-9　邻接矩阵 $\boldsymbol{W}$

| 结点 | A | B | C |
|---|---|---|---|
| A | 0 | 2 | 15 |
| B | ∞ | 0 | 4 |
| C | 6 | **8** | 0 |

表 6-10　路径矩阵 $\boldsymbol{P}$

| 结点 | A | B | C |
|---|---|---|---|
| A | | AB | AC |
| B | | | BC |
| C | CA | **CAB** | |

(2) 以 B 为中间点，执行内部的双层循环，得到的路径长度(邻接矩阵)及路径矩阵如表 6-11 和表 6-12 所示。

表 6-11　邻接矩阵 ***W***

| 结点 | A | B | C |
|---|---|---|---|
| A | 0 | 2 | **6** |
| B | ∞ | 0 | 4 |
| C | 6 | 8 | 0 |

表 6-12　路径矩阵 ***P***

| 结点 | A | B | C |
|---|---|---|---|
| A | | AB | **ABC** |
| B | | | BC |
| C | CA | CAB | |

(3) 以 C 为中间点，执行内部的双层循环，得到的路径长度(邻接矩阵)及路径矩阵如表 6-13 和表 6-14 所示。

表 6-13　邻接矩阵 ***W***

| 结点 | A | B | C |
|---|---|---|---|
| A | 0 | 2 | **6** |
| B | **10** | 0 | 4 |
| C | 6 | **8** | 0 |

表 6-14　路径矩阵 ***P***

| 结点 | A | B | C |
|---|---|---|---|
| A | | AB | **ABC** |
| B | **BCA** | | BC |
| C | CA | **CAB** | |

**【例 6.5】** 求解图 6-22 中的所有顶点之间的最短路径长度和最短路径。

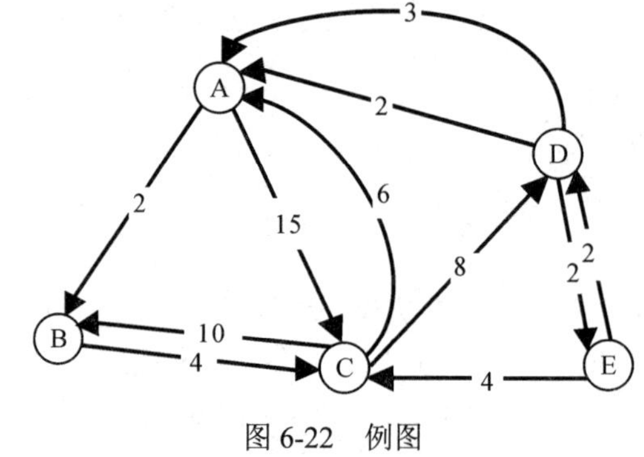


图 6-22　例图

实现代码如下：

```
#include <stdio.h>
#include <stdlib.h>
#define MAX 99999
#define   N 200
int main()
{
    int v;
    printf("请输入图的顶点数：\n");
    scanf("%d", &v);
    int W[N][N], P[N][N];
    int i, j, k;
```

```
    for(i=0; i<v; i++)
        for(j=0; j<v; j++)
        {
            scanf("%d", &W[i][j]);
            if(W[i][j] == MAX || i == j)
              P[i][j]=-1;
            else
                P[i][j]=i;                //路径矩阵 P 初始化时，如果 i, j 点之间没有边或者 i = j 时，
                                           P[i][j] = −1，如果 i, j 有边，那么 P[i][j] = i
        }
        for(k=0; k<v; k++)
            for(i=0; i<v; i++)
                for(j=0; j<v; j++)
                if (W[i][j]>W[i][k]+W[k][j])
                {
                    W[i][j]=W[i][k]+W[k][j];
                    P[i][j]=P[k][j];
                }
        for(i=0; i<v; i++)
        {
            printf("\n");
            for(j=0; j<v; j++)                              //v 为顶点个数
            {
                int k=j;
                printf("%d 点->%d 点最短路径长度为%d，最短路径为:", i, j, W[i][j]);
                int path[v], count=0;
                for(int x=0; x<4; x++)            //追溯 i 点→j 点最短路径下经过的中间点
                {
                    k=P[i][k];
                    if(k == -1) break;
                        path[count++]=k;
                }
            while (count>0)
                printf("%d ", path[--count]);
                printf("%d", j);
                printf("\n");
        }
    }
}
```

## 6.3 最大匹配——匈牙利算法

匹配是指二分图中的一组没有公共端点的边的集合。设 $G=<X,E,Y>$为二分图，$M\subseteq E$，如果 $M$ 中任何两条边都没有公共端点，那么称 $M$ 为 $G$ 的一个匹配。$M=\phi$时称 $M$ 为空匹配。$G$ 的所有匹配中边数最多的匹配称为最大匹配。如果 $X(Y)$中任一顶点均为匹配 $M$ 中边的端点，那么称 $M$ 为 $X(Y)$完全匹配。若 $M$ 既是 $X$ 完全匹配又是 $Y$ 完全匹配，则称 $M$ 为 $G$ 的完全匹配。$M$ 中边的端点称为 $M$-顶点，其他顶点称为非 $M$-顶点；$M$ 中的边称为匹配边，其他边称为非匹配边。

设 $P$ 是 $G$ 中以 $v_k$ 为起点、$v_h$ 为终点的一条通路，如果 $v_h$、$v_k$ 均为非 $M$-顶点，且 $P$ 中非匹配边与匹配边交替出现，则称 $P$ 为 $G$ 关于匹配 $M$ 的一条交替链。当某边$(u, v)$的两端点均为非 $M$-顶点时，$(u, v)$也称为交替链。

求取最大匹配的经典算法是匈牙利算法，其基本思想就是不断寻找交替链，每找到一条交替链即将其中的匹配边和非匹配边对换，从而增加一条匹配边，直至从初始匹配扩充为最大匹配。

以图 6-23 为例，分析求解最大匹配的过程：

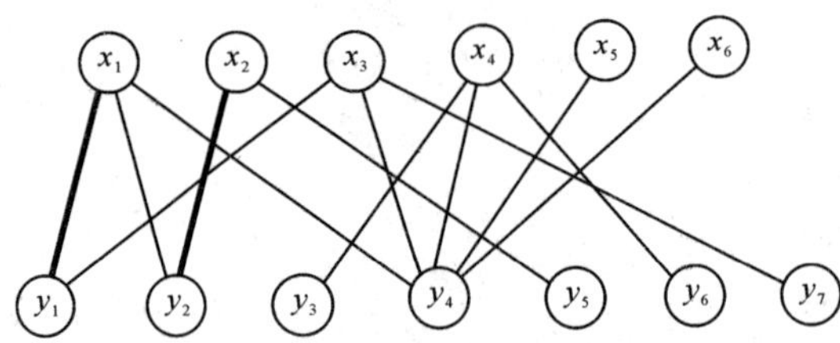


图 6-23　匹配初始状态

初始状态下，$M=\{\{x_1, y_1\}，\{x_2, y_2\}\}$。找到交替链$(x_3, y_1, x_1, y_4)$，其中匹配边是$\{x_1, y_1\}$，非匹配边是$\{x_3, y_1\}$，$\{x_1, y_4\}$，如图 6-24 所示，置 $M=\{\{x_3, y_1\}，\{x_1, y_4\}，\{x_2, y_2\}\}$。

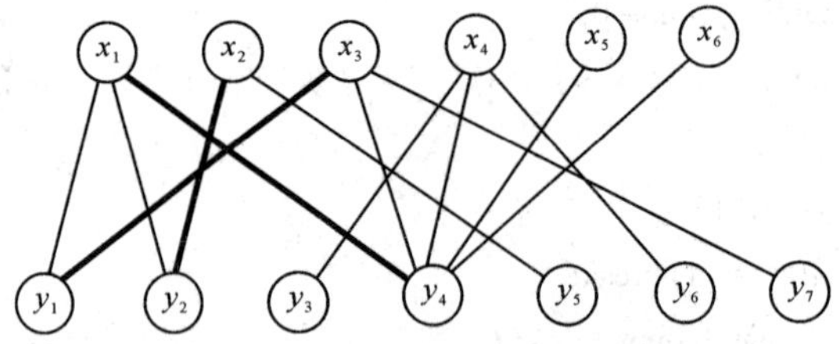


图 6-24　找到第一条交替链

找到交替链$(x_4, y_3)$，如图 6-25 所示，置 $M=\{\{x_3, y_1\}，\{x_1, y_4\}，\{x_2, y_2\}，\{x_4, y_3\}\}$。

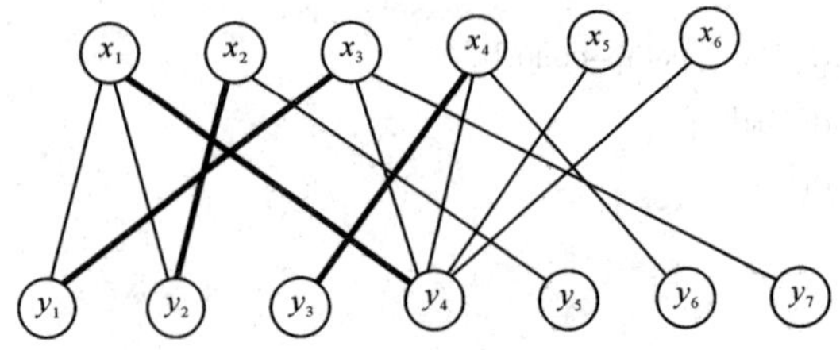


图 6-25　找到第二条交替链

找到交替链$(x_5, y_4, x_1, y_1, x_3, y_7)$，其中匹配边$\{x_1, y_4\}$，$\{x_3, y_1\}$，非匹配边$\{x_5, y_4\}$，$\{x_1, y_1\}$，$\{x_3, y_7\}$，如图 6-26 所示。置 $M = \{\{x_4, y_3\}, \{x_2, y_2\}, \{x_5, y_4\}, \{x_1, y_1\}, \{x_3, y_7\}\}$。

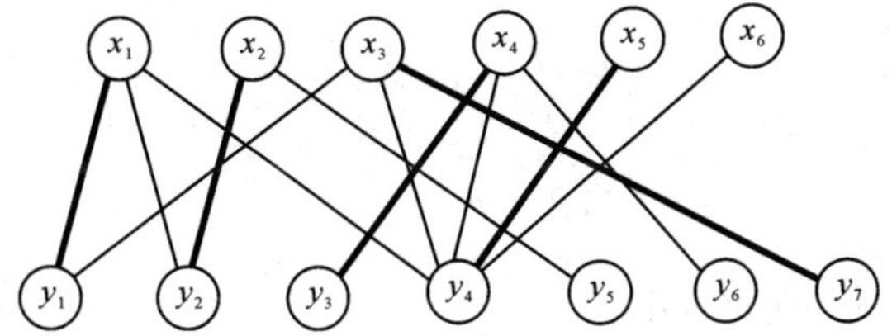


图 6-26　找到第三条交替链

找不到可标记顶点，$M = \{\{x_4, y_3\}, \{x_2, y_2\}, \{x_5, y_4\}, \{x_1, y_1\}, \{x_3, y_7\}\}$，为最大匹配。

匈牙利算法的核心代码：

Map 数组用于描述图，*i*，*j* 点分别为边的起点和终点，flag 数组用于描述 *i*->*j* 的边是否被访问过，*p* 数组用于记录该边的起点。

```
bool match(int i)
{
    for (int j = 1; j <= N; ++j)
        if (Map[i][j] && !flag[j])
        {
         flag[j] = true;
         if (p[j] == 0 || match(p[j]))    //如果暂无匹配，或者原来匹配的起始点可以找到新的匹配
            {
                p[j] = i;
                return true;            //返回匹配成功
            }
        }
    return false;
}
```

**【例 6.6】** 某工厂为了生产需要增设 5 个岗位，每个岗位只需要 1 人，现面向社会招聘，经过初审，有 5 人进入面试环节，每人都有意向的岗位，如图 6-27 所示，请计算能分配到的最多的岗位数。

输入要求：一共有几个应聘者，就需要输入几行，第 *i* 行输入的第一个数字代表第 *i* 个应聘者一共意向多少个岗位，后面紧跟着有意向的岗位编号。

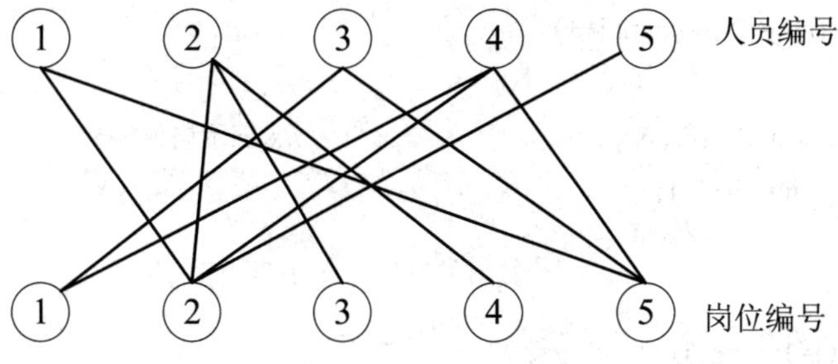


图 6-27　岗位和应聘者意向图

解题思路：该题最终归结为求一个二分图的最大匹配，使用匈牙利算法就能实现。

算法实现代码：

```
#include <stdio.h>
#include <stdlib.h>
#define N 200
int n, m, count=0;
int job[N], person[N], map[N][N];

int match(int x)
{
    for (int i=1; i<=m; i++)
    {
        if (map[x][i]&&!job[i])
        {
            job[i]=1;
            if (!person[i]||match(person[i]))
            {
                person[i]=x;
                return 1;
            }
        }
    }
    return 0;
}
int main()
{
    scanf("%d %d", &n, &m);                    //n 表示应聘者人数，m 表示岗位数
    for (int i=1; i<=n; i++)
    {
        int num, x;                            //num 表示当前应聘者有意向的岗位数
        scanf("%d", &num);
        for (int j=1; j<=num; j++)
        {
            scanf("%d", &x);                   //x 表示岗位编号
            link[i][x]=1;
        }
    }
    for (int i=1; i<=n; i++)
        if (match(i) == 1)
```

```
            count++;
    printf("%d\n", count);
    return 0;
}
```

## 6.4　本 章 小 结

求解最小生成树问题、最短路径问题、最大匹配问题都是现实生活中很常见的问题。在 $n$ 个城市之间建造一个通信网络、高速公路等，常常需要从多个方案中选出一个造价成本最低的方案，这就是最小生成树问题的应用；车站、宾馆等公共场所设置的查询系统，为网络通信寻求最佳路由是最短路径问题的应用；找工作应聘岗位，婚介所等也涉及最大匹配问题。这些问题的相关算法为解决实际问题提供了有力的支撑，因此图论算法是不可或缺的知识点。

本章的知识点参见图 6-28。

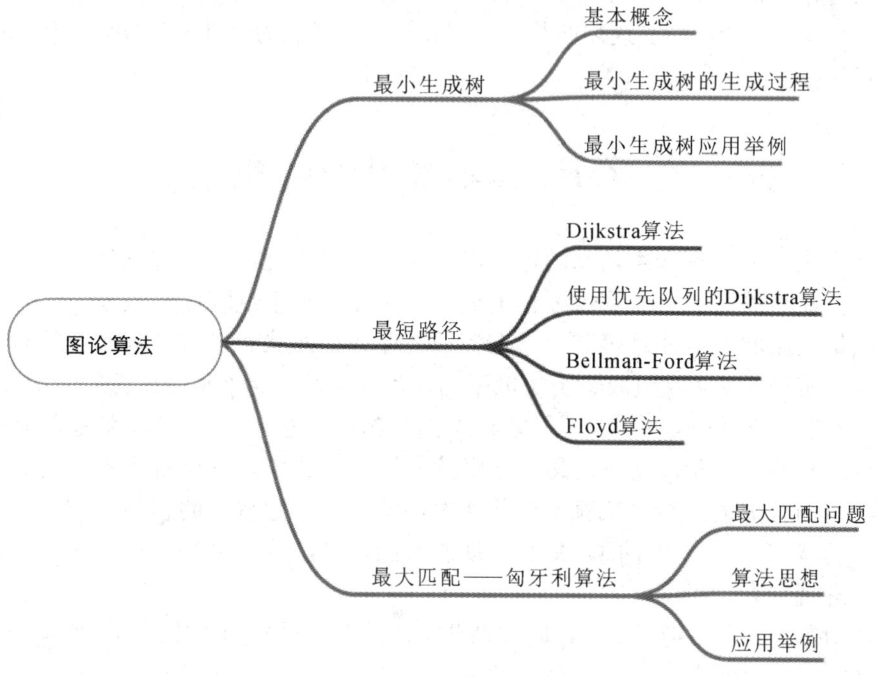


图 6-28　图论算法知识点

# 第 7 章　动态规划算法

动态规划(Dynamic Programming, DP)是运筹学的一个分支，是求解决策过程最优化的过程。20 世纪 50 年代初，美国数学家贝尔曼(R.Bellman)等在研究多阶段决策过程的优化问题时，提出了著名的最优化原理，从而创立了动态规划。动态规划的应用极其广泛，包括工程技术、经济、工业生产、军事及自动化控制等领域，并在背包问题、生产经营问题、资金管理问题、资源分配问题、最短路径问题和复杂系统可靠性问题等问题中取得了显著的效果。本章主要介绍动态规划的基本思想和概念、算法的原理和步骤以及常见的背包问题分析和解决方法。

## 7.1　基本思想和概念

在现实生活中，有一类活动的过程，由于它的特殊性，可将过程分成若干个互相联系的阶段，在它的每一阶段都需要作出决策，从而使整个过程达到最好的活动效果。各个阶段决策的选取不能任意确定，它依赖于当前面临的状态，又影响着以后的发展。当各个阶段决策确定后，就组成一个决策序列，因而也就确定了整个过程的一条活动路线。这种把一个问题看作是一个前后关联具有链状结构的多阶段过程就称为多阶段决策过程，这种问题称为多阶段决策问题。在多阶段决策问题中，各个阶段采取的决策，一般来说是与时间有关的，决策依赖于当前状态，又随即引起状态的转移。一个决策序列就是在变化的状态中产生出来的，故有“动态”的含义，称这种解决多阶段决策最优化的过程为动态规划方法。

虽然动态规划主要用于求解以时间划分阶段的动态过程的优化问题，但是一些与时间无关的静态规划(如线性规划、非线性规划)，只要人为地引进时间因素，把它视为多阶段决策过程，也可以用动态规划方法方便求解。动态规划方法所耗费的时间往往远少于朴素解法。动态规划方法常常适用于有重叠子问题和最优子结构性质的问题。

通常在求解具有某种最优性质的问题时，可能会有许多可行解，每一个解都对应于一个值，从这些值中希望找到具有最优值的解。一般来说，只要问题可以划分为规模更小的子问题，并且原问题的最优解中包含了子问题的最优解，则可以考虑用动态规划解决。

动态规划算法与分治法类似，其基本思想也是将待求解问题分解成若干个子问题，先求解子问题，然后从这些子问题的解中得到原问题的解。与分治法不同的是，适合于用动态规划求解的问题，经分解得到的子问题往往不是互相独立的，若用分治法分解得到的子问题数目太多，而且有些子问题被重复计算了很多次。如果能够保存已解决的子问题的答案，在需要时再找出已求得的答案，就可以避免大量的重复计算，节省时间。可以用一个表来记录所有已解的子问题的答案，不管该子问题以后是否被用到，只要它被计算过，就将其结果填入表中，这就是动态规划法的基本思路。动态规划算法多种多样，但它们具有相同的填表格式。

在求解问题时，每次产生的子问题并不总是新问题，有些子问题反复计算多次，动态规划算法正是利用了这种子问题的重叠性质，对每个子问题只计算一次，然后将其计算结果保存在一个表格中，当再次需要计算已经计算过的子问题时，只需在表格中简单地查看一下结果，从而提高解决问题的效率。因此，在使用动态规划时，问题必须满足以下条件：

(1) 最优子结构。如果问题的最优解所包含的子问题的解也是最优的，就称该问题具有最优子结构性质(即满足最优化原理)。最优子结构性质可为动态规划算法解决问题提供重要线索。

(2) 无后效性。子问题的解一旦确定，就不再改变，不受在这之后的、包含它的更大的问题的求解决策影响。

## 7.2 算法原理和步骤

动态规划的实质是分治思想和解决冗余的结合。换言之，动态规划是一种将问题实例分解为更小的、相似的子问题，并存储子问题的解，使得每个子问题只求解一次，最终获得原问题的答案，以解决最优化问题的算法策略。这一点与贪心算法和递归算法相比是类似的，但它们之间的区别在于贪心算法选择当前最优解，而动态规划通过求解局部子问题的最优解来达到全局最优解。在计算过程中递归算法需要对子问题进行重复计算，需要耗费更多的时间与空间，而动态规划对每个子问题只求解一次。虽然可以对递归法进行优化，使用记忆化搜索的方式减少重复计算，但在解决重叠子问题时，本质上记忆化搜索的递归算法是自顶向下解决问题，而动态规划算法则是自底向上解决问题。

通过一个例子来说明动态规划算法的基本原理。现在有一段长度为 $n$ 的木材，要将其切割后售出，木材长度与价格的对应关系如表 7-1 所示，问如何切割能获得最大收益。

**表 7-1 木材长度与价格的对应关系**

| 长度 $i$ | 1 | 2 | 3 | 4 | 5 | 6 | 7 | 8 | 9 | 10 |
|---|---|---|---|---|---|---|---|---|---|---|
| 价格 $p_i$ | 1 | 5 | 8 | 9 | 10 | 17 | 17 | 20 | 24 | 30 |

根据对价格表进行分析，发现当木材长度为 10 时单位长度的价格最高，当木材长度为 6 时单位长度的价格第二高，其单位长度的价格的排序依次是 10>6>3，9>2，8>7>4>5>1。根据贪心算法策略，木材切割后单位长度的价格越高越好，所以切割的方案应该是先全切长度为 10 的木材，剩下的木材长度不足 10 的按照单位长度的价格高低来选择切割长度。

如果用分治思想的递归算法策略，设计一个递归函数，函数输入当前切割木材的价值和未切割木材的长度，输出最优收益。当未切割木材的长度为 0 时，递归停止。有了这个递归函数后，问题就是遍历所有的切割方案，寻找其中收益最高的方案。实现代码如下：

```
int n, maxGet;
```

```
int price[11] = {0, 1, 5, 8, 9, 10, 17, 20, 24, 30};
void dfs(int cur, int rm)           //cur:当前已切割木材的价值；rm:等待切割木材的长度
{
    if(rm == 0)
        maxGet = max(maxGet, cur);
    for(int i=1; i<=rm; i++)
        dfs(cur + price[i], rm - i);
}
int main()
{
    cin>> n;
    maxGet = -1;
    dfs(0, n);
    cout<<"最优收益为："<<maxGet;
}
```

从实现代码不难发现，在递归展开过程中会遇到很多的重复计算，而且随着整个递归过程的展开，重复计算的次数会呈倍数增长。这种方法会枚举 $2^{n-1}$ 种可能，结合求解结构树可以计算时间复杂度为 $O(2^n)$。

针对重复计算导致的时间代价过高，可采用将计算结果进行 “缓存”的方案，对递归过程中的中间结果进行缓存，确保相同的情况只会被计算一次，称之为记忆化搜索。实现代码如下：

```
int n, maxGet[11];                  // maxGet[k]表示切割长度为 k 的木材收益最大
int price[11] = {0, 1, 5, 8, 9, 10, 17, 20, 24, 30};

int dfsMemory(int rm)
{
    if(maxGet[rm] != -1)            //此子问题已解决过
        return maxGet[rm];
    if(rm == 0)
        return 0;
    for(int i=1; i<=rm; i++)
        maxGet[rm] = max(maxGet[rm], price[i]+dfs(rm-i));
return maxGet[rm];
}
int main()
{
    cin >> n;
    memset(maxGet, -1, sizeof maxGet);
    maxGet[n] = dfs(n);
```

```
    cout <<"最优收益为："<< maxGet[n] << endl;
}
```

记忆化搜索虽然做了改进，但整个求解过程中对每个情况的访问次数并没有发生改变，只是从“以前的每次访问都进行求解”改进为“只有第一次访问才真正求解”，仍然无法直观确定哪个点的结果会在什么时候被访问，被访问多少次，所以不得不使用一个数组，将所有中间结果“缓存”起来。换句话说，记忆化搜索解决的是重复计算问题，并没有解决结果访问时机和访问次数的不确定问题。

这是由于记忆化搜索采用的是“自顶向下”的解决思路所导致的，如果将“自顶向下”转换成“自底向上”，就能明确中间结果的访问时机和访问次数，而且可以大大降低算法的空间复杂度，这就是动态规划。动态规划算法采用最优化原则建立递归关系式，在得到最优的递归式之后，执行回溯过程构造最优解。在以下这个例子中，得到的最优递归式为

maxGet[i] = maxGet[i-k] + maxGet[k]

实现代码如下：

```
int price[11] = {0, 1, 5, 8, 9, 10, 17, 17, 20, 24, 30}
int dp(int n)
{
    int maxgET[11];                  //maxGet[k]切割长度为 k 的木材收益最大
    memset(maxGet, -1, sizeof maxGet);
    maxGet[0] = 0;
    //dp
    for(int i=1; i<=n; i++){
      for(int j=1; j<=n; j++)
            maxGet[i] = max(maxGet[i], price[j]+maxGet[i-j]);
    }
    return maxGet[n];
}
int main()
{
    int n;
    cin >> n;
    cout <<"最优收益为："<< dp(n) <<endl;
}
```

动态规划解法的时间复杂度为 $O(2^n)$。动态规划算法的关键在于解决冗余，这是动态规划算法的根本目的。动态规划实质上是一种以空间换时间的技术，它在实现的过程中，不得不存储产生过程中的各种状态，所以它的空间复杂度要大于其他的算法。选择动态规划算法是因为动态规划算法在空间上可以承受，而搜索算法在时间上却无法承受，所以需要时可以舍空间而取时间。

综上，动态规划算法解决问题一般分为以下四个步骤：

(1) 找出最优解的性质，并刻画其结构特征；

(2) 递归地定义最优解；

(3) 以自底向上的方式计算出最优解；

(4) 根据计算最优值时得到的信息，构造最优解。

在动态规划算法解决问题过程中，还需考虑以下问题：

(1) 定义状态：根据需解决的具体问题，确定计算过程中每次计算值的含义，如切割长度为 $k$ 的木材收益最大就是其的状态；

(2) 状态转移：确定每个状态之间的关系，即说明当前的状态是由之前哪些状态计算得到的，如 maxGet[i] = maxGet[i-k] + maxGet[k]就表示 $i$ 状态是怎么计算得到的；

(3) 起始值：确定计算过程中哪些状态是可以直接得到结果的，如 maxGet[0] = 0 是可以直接得到的，是计算的初始值。

## 7.3 0-1 背包问题

背包问题(Knapsack Problem)是一种组合优化的 NP(Non-deterministic Polynomial)完全问题，可以描述为：给定一组物品，每种物品都有自己的重量和价格，在限定的总重量内，如何选择，才能使得物品的总价格最高。问题的名称来源于如何选择最合适的物品放置于给定背包中。先来研究一下背包问题的数学模型，给定一组 $n$ 个物品，每个物品都有自己的重量 $w_i$ 和价值 $v_i$，在限定总重量 $C$ 范围内，选择其中若干个物品(每种物品可以选 0 个或 1 个)，设计选择方案使得物品的总价值最高。问题可以抽象表述为给定正整数 $\{(w_i, v_i)\}1\leqslant i\leqslant n$，给定正整数 $C$，求解 0-1 规划问题，可表示为

$$\max\sum_{i=1}^{n}x_iv_i,\text{s.t.}\max\sum_{i=1}^{n}x_iv_i\leqslant C,x_i\in\{0,1\}$$

### 7.3.1 0-1 背包问题的多阶段决策

使用动态规划解决背包问题的核心是怎样把实际问题转化成一个多阶段决策问题，找到可重复计算的子问题，从而找到递归定义的问题最优解。首先需要根据题意定义子问题，定义 $P(i, W)$为：在 $i$ 个物品中挑选总重量不超过 $W$ 的物品组合，每种物品至多能挑选 1 个，使得总价值最大，这时的最优值记作 $m(i, W)$，其中 $1\leqslant i\leqslant n$，$1\leqslant W\leqslant C$。

从集合的角度来理解动态规划问题：动态规划中的每一个状态都表示一个集合，背包问题就是所有选法的集合。这时需要考虑在挑选完第 $i$ 个物品后状态发生的变化，即状态转移，状态转移抽象后就得到了递归定义的问题最优解。当考虑第 $i$ 个物品时，一共有两种可能，选择该物品放入包中，或者不选。

(1) 选择第 $i$ 个物品，背包的空余重量变小，背包里面物品价值发生变化，状态发生变化，导致子问题也随之发生变化，$P(i-1, W-w_i)$；

(2) 不选第 $i$ 个物品，背包的空余重量不变，背包里面物品价值不发生变化，虽然背包的状态没有发生变化，但由于已对第 $i$ 个物品进行了选择，所以子问题发生变化，$P(i-1, W)$。

问题最优解就是比较这两种方案，哪种最优，如图 7-1 所示。

$$m(i,W)=\max\{m(i-1,W),m(i-1,W-w_i)+v_i\}$$

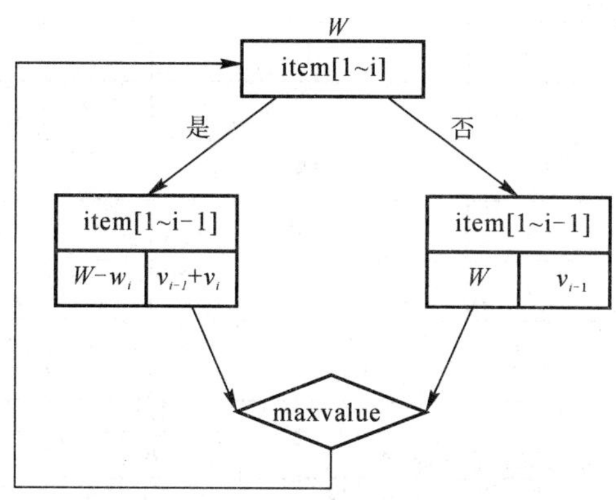


图 7-1　0-1 背包问题状态转移过程

很显然这是一个递推的过程，考虑初始状态以及结束状态，整个过程可以用以下方程表示：

$$m(i,W)=\begin{cases}0 & i=0\\0 & W=0\\m(i-1,W) & w_i>W\\\max\{m(i-1,W),v_i+m(i-1,W-w_i)\} & \text{其他}\end{cases}$$

## 7.3.2　规划方向

在经过动态规划得到递归定义的问题最优解后，就可以实现 0-1 背包问题的算法：

```
Input: n, w1, ...wn, v1, ...vn, C        初始化最优值
    for W = 0 to C
        m[0, W] = 0
    for i = 0 to n
        m[i, 0] = 0
    for i = 0 to n
        for W = 1 to C
          if(wi>W)
              m[i, W] = m[i-1, W]
          else
              m[i, W] = max{m[i-1, W], vi + m[i-1, W-wi]}
    return m[n, C]
```

在算法中有两个遍历维度：物品和背包重量，算法中描述的是先遍历物品，然后遍历背包重量。那么先遍历背包，再遍历物品行不行呢？想弄清楚这个问题，先要理解递归的本质和递推的方向。

假设问题的数值例子如表 7-2 所示。

**表 7-2　假设问题的数值**

| 物品编号 | 价值 | 重量 |
|---|---|---|
| 1 | 1 | 1 |
| 2 | 6 | 2 |
| 3 | 18 | 5 |
| 4 | 22 | 6 |
| 5 | 28 | 7 |

当 $C = 11$ 时，填表的结果如图 7-2 所示。

$C$+1 →

$n$+1 ↓

| | 0 | 1 | 2 | 3 | 4 | 5 | 6 | 7 | 8 | 9 | 10 | 11 |
|---|---|---|---|---|---|---|---|---|---|---|---|---|
| $\Phi$ | 0 | 0 | 0 | 0 | 0 | 0 | 0 | 0 | 0 | 0 | 0 | 0 |
| {1} | 0 | 1 | 1 | 1 | 1 | 1 | 1 | 1 | 1 | 1 | 1 | 1 |
| {1,2} | 0 | 1 | 6 | 7 | 7 | 7 | 7 | 7 | 7 | 7 | 7 | 7 |
| {1,2,3} | 0 | 1 | 6 | 7 | 7 | 18 | 19 | 24 | 25 | 25 | 25 | 25 |
| {1,2,3,4} | 0 | 1 | 6 | 7 | 7 | 18 | 22 | 24 | 28 | 29 | 29 | 40 |
| {1,2,3,4,5} | 0 | 1 | 6 | 7 | 7 | 18 | 22 | 28 | 29 | 34 | 35 | 40 |

图 7-2　0-1 背包问题数值遍历过程示意图

灰度格子表示本行值发生了变化。当 $m[i, W] = v_i + m[i-1, W-w_i]$时才会有“取走第 $i$ 件物品”发生，所以从表格右下角“往回看”，如果是“垂直下降”，就是发生了 $m[i, W] = m[i-1, W]$，而只有“走斜线”才是“取了”物品，如图 7-3 所示。

| | 0 | 1 | 2 | 3 | 4 | 5 | 6 | 7 | 8 | 9 | 10 | 11 |
|---|---|---|---|---|---|---|---|---|---|---|---|---|
| $\Phi$ | 0 | 0 | 0 | 0 | 0 | 0 | 0 | 0 | 0 | 0 | 0 | 0 |
| {1} | 0 | 1 | 1 | 1 | 1 | 1 | 1 | 1 | 1 | 1 | 1 | 1 |
| {1,2} | 0 | 1 | 6 | 7 | 7 | 7 | 7 | 7 | 7 | 7 | 7 | 7 |
| {1,2,3} | 0 | 1 | 6 | 7 | 7 | 18 | 19 | 24 | 25 | 25 | 25 | 25 |
| {1,2,3,4} | 0 | 1 | 6 | 7 | 7 | 18 | 22 | 24 | 28 | 29 | 29 | 40 |
| {1,2,3,4,5} | 0 | 1 | 6 | 7 | 7 | 18 | 22 | 28 | 29 | 34 | 35 | 40 |

OPT:{4,3}
value=22+18=40

图 7-3　0-1 背包问题遍历过程方向示意图

根据图 7-3 可以发现，无论是先遍历物品再遍历背包，还是先遍历背包再遍历物品，$m[i, W]$所需要的数据就是左上角，所以递推的方向总是从左上往右下，不会影响公式的推导。

这个算法由于每一个格子都要填写数字，因此时间复杂度和空间复杂度都是 $O(nC)$。其实现代码如下：

```
int volumn, numItem;
int weights[numItem + 1], value[numItem + 1];    //初始化背包总容量 volumn，物体种数 numItem，
                                                  物体重量数组 weights，物体价值数组 value
int dp[numItem + 1][volumn + 1];          //初始化 dp 全为 0
for(int i = 1; i <= numItem; i++){
```

```
                                //对于背包容量 j 小于物体容量 weights[i]的情况不需要考虑
        for(int j = 1; j <=volumn; j++){
            if(j < weights[i]){
                dp[i][j] = dp[i-1][j];
            }else{
                dp[i][j] = max(dp[i-1][j], dp[i-1][j] - weights[i] + value[i]);
            }
        }
    }
    return dp[numItem][volumn];                //背包最大价值
```

### 7.3.3 滚动数组

滚动数组应用的条件是基于递推或递归的状态转移，反复调用当前状态前的几个阶段的若干个状态，而每一次状态转移后有固定个数的状态失去作用。滚动数组便是充分利用了那些失去作用的状态的空间来填补新的状态，一般采用求模(%)的方法来实现滚动数组。

在上节计算的过程中，使用二维数组 dp[$i$][$j$]同时记录了 $i$ 时刻的状态(价值和重量)，重新观察转移方程 $m(i, W) = \max\{m(i-1, W), m(i-1, W-w_i)+v_i\}$，会发现 $m(i)$的状态仅仅和 $m(i-1)$有关，所以在计算过程中只需要保存 $i-1$ 时刻的状态值。可以用一个一维数组来记录背包容量 $i-1$ 时刻的最大价值就可以满足计算的条件。在考虑是否要放进物体 $i$ 之前，dp[$j$]数组保存的状态还是用前 $i-1$ 个物体放进容量为 $j$ 时的最大价值。所以可以直接用 dp[$j$]代替原来的 dp[$i-1$][$j$]。

对于状态方程的一项 dp[$i-1$][$j-w_i$] + value[$i$]，可以明确 $j-w_i<j$。因为考虑物体 $i$ 时需要更新的 dp[$j$] (即 dp[$i-1$][$j$])需要通过 dp[$i-1$][$j-w_i$]来计算，为了保证使用的 dp[$j-w_i$]是仅考虑完第 $i-1$ 个物体时的值，dp[$j-w_i$]的值的更新要发生在 dp[$j$]更新之后。又因为 $j-w_i<j$，所以 dp[$j$]需要逆序更新。如果是顺序更新，那么容量为 $j-w_i$ 和容量为 $j$ 两种情况下，很有可能会放进同一个物体两次。只要该物体的容量比 $j-w_i$ 还小，就不符合背包问题的约束。其实现代码如下：

```
int volumn, numItem;
int weights[numItem + 1], value[numItem + 1];   //初始化背包总容量 volumn，物体种数 numItem，
                                                //物体重量数组 weights，物体价值数组 value
int dp[numItem + 1][volumn + 1];          //初始化 dp 全为 0
for(int i = 1; i <= numItem; i++)
{                               //对于背包容量 j 小于物体容量 weights[i]的情况不需要考虑
    for(int j = volumn; j >= weight[i]; j++){
        dp[j] = max(dp[j], dp[j-weight[i]] + value[i]);
    }
}
return dp[numItem][volumn];                //背包最大价值
```

在二维数组实现中，有一个 if 的判断，即：

```
if(j < weights[i]){
    dp[i][j] = dp[i-1][j];
}else{
    dp[i][j] = max(dp[i-1][j], dp[i-1][j - weights[i]] + value[i]);
}
```

滚动数组实现中，由于在考虑物体 $i$ 时，dp[$j$]不更新则保留了考虑物体 $i-1$ 时的状态，因此这里的判断可以转化成滚动数组实现里面的 $j$ 从 volumn 递减到 weight[$i$]为止即可。

## 7.4 动态规划应用举例 1：仓库的警犬

时间限制：1000 ms；内存限制：32 MB。

问题描述：仓库最近新入库了很多物资，原有的警犬不够用了，需要新买入一批警犬。负责人 Angel 发现商人 Demon 那里一共有 3 种警犬，德国牧羊犬、苏格兰牧羊犬和拉布拉多，价格分别为 $a$、$b$、$c$ 元一批，每种警犬都可以购买很多批。Angel 的预算只有 $w$ 元，这就需要计算一下，如何采购警犬，才能使所剩下的钱最少？

输入说明：多组数据，每组数据一行，分别为 $w$，$a$，$b$，$c$($0<w<300000$，$100<a, b, c<300000$)

输出说明：每组数据输出一行，为剩下的最少钱数。

输入样例：

```
10000 500 300 200
10000 300 300 300
```

输出样例：

```
0
100
```

参考代码如下：

```
#include <stdio.h>#include <stdlib.h>
int main(){
    int n, x, y, z, a, b, c, min;
    while(scanf("%d%d%d%d", &n, &a, &b, &c)!=EOF)
    {
        min=n;
        for(x=0; x<=n/a; x++)
          for(y=0; y<=(n-a*x)/b; y++)
             for(z=0; z<=(n-a*x-b*y)/c; z++)
             {
                 min=min<=(n-(a*x+b*y+c*z))?min:n-(a*x+b*y+c*z);
             }
        printf("%d\n", min);
```

```
    }
    return 0;
}
```

## 7.5　动态规划应用举例 2：火力打击

时间限制：1000 ms；内存限制：32 MB。

问题描述：在战场上，指挥官要指挥炮火马上对敌军阵地进行火力打击，但是我方炮弹总数只有 $C$ 枚，敌军阵地共有 $N$ 个目标可以轰炸，经过作战评估，我方对每一个目标 $i$ 都有一个价值(表示这个目标的重要程度)为 $V_i$，摧毁每个目标需要的炮弹数为 $P_i$。问如何分配活力，使火力打击所摧毁的目标的总价值最大？(例如，我方共有 100 枚炮弹，A 目标需要 60 枚炮弹，价值为 100，B 目标需要 30 枚炮弹，价值为 50，C 目标需要 80 枚炮弹，价值为 130，显然攻击 A 和 B 目标是最佳的分配方案。)

输入说明：多组输入，每组输入的第一行有两个整数 $C(1 \leqslant C \leqslant 1000)$和 $N(1 \leqslant N \leqslant 100)$，$C$ 代表炮弹总数，$C$ 为 0 是代表输入结束，$N$ 代表敌军目标数。$N$ 行每行包括两个 1～100(包括 1 和 100)的整数，分别表示摧毁该目标需要的炮弹数和该目标的价值。

输出说明：每组输出只包括一行，这一行只包含一个整数，表示所能摧毁的最大价值。

输入样例：

```
90 4
20 25
30 20
40 50
10 18
40 2
25 30
10 8
0 0
```

输出样例：

```
95
38
```

参考代码如下：

```
#include <stdio.h>#include <stdlib.h>
int c[1000][1000], s[101], p[101];
int mj(int m, int n)
{
    int i, j;
    for(i=1; i<=n; i++)
        scanf("%d%d", &s[i], &p[i]);
```

```
        for(i=0; i<1000; i++)
          for(j=0; j<1000; j++)
              c[i][j]=0;
          for(i=1; i<=n; i++)
              for(j=1; j<=m; j++)
              {
                  if(s[i]<=j)
                  {
                      if(p[i]+c[i-1][j-s[i]]>c[i-1][j])
                          c[i][j]=p[i]+c[i-1][j-s[i]];
                      else
                          c[i][j]=c[i-1][j];
                  }
                  else
                      c[i][j]=c[i-1][j];
    }
    return(c[n][m]);
}
int main()
{
    int m, n;
    while(scanf("%d%d", &m, &n)!=EOF)
    {
        if(n == 0)
            break;
        printf("%d\n", mj(m, n));
    }
    return 0;
}
```

## 7.6 本章小结

动态规划是一种用来解决一类最优化问题的算法思想，在求解问题时，要将问题的全过程恰当地分成若干个相互联系的阶段，再按一定的次序求解。动态规划会记录每个求解过程的子问题，这样当再一次碰到该子问题时，就能直接使用记录的结果，而不会重复计算。动态规划一般用递归(记忆化搜索)或递推的方式，适用于有重叠子问题和最优子结构性质的问题。动态规划的核心是设计拥有无后效性的状态及相应的状态转移方程。

使用动态规划方法解决实际问题时，首先要弄清楚实际问题的基本计算方法与工作原理，然后按照动态规划方法的解题步骤，设计适合于计算机执行的算法，这是一个自我培养用动态规划思想分析问题的过程。

本章的知识点参见图 7-4。

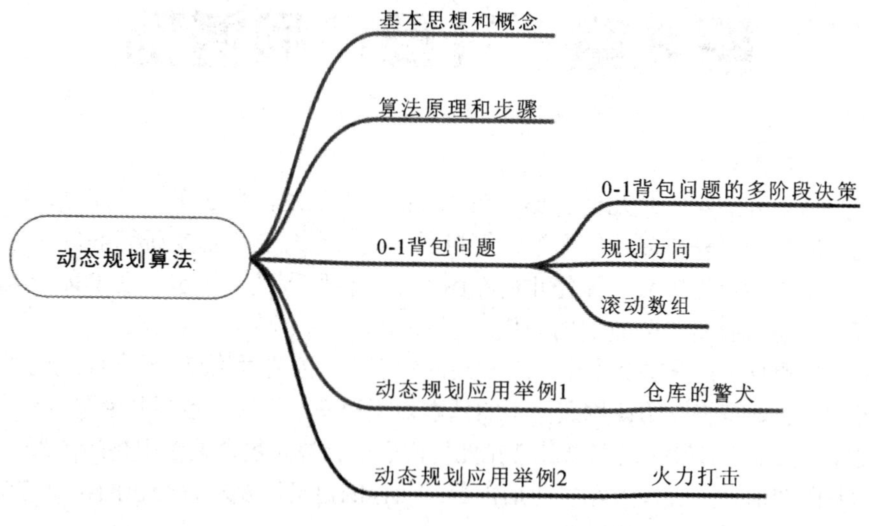


图 7-4　动态规划算法知识点

# 第8章 计算几何基础*

计算几何研究的对象是几何图形。在过去的几百年中，数学家们对计算几何展开了深入的研究，近几十年来计算几何作为计算机科学的一个分支，主要研究解决几何问题的算法。在现代工程和数学领域，计算几何在图形学、机器人技术、超大规模集成电路设计和统计学等诸多领域有着十分重要的应用。

几何类的题目也是算法竞赛中一个重要的知识点，主要讨论点、线、面之间的关系和相对位置等内容。本章将介绍计算几何中的基本知识和基本算法，包括几何基础概念，如点、直线、线段和向量、向量的运算以及常见几何问题的计算，包含关系中判断图形是否包含在矩形中和判断图形是否放包含在多边形内部，凸包的定义以及求解凸包的常见方法。

## 8.1 几何基础概念

### 8.1.1 点、直线、线段和向量

点：在二维平面中点用坐标$(x, y)$表示。

直线：一个点在平面或空间沿着一定方向和其相反方向运动的轨迹。

直线方程的一般形式为 $ax + by + c = 0$，或 $y = kx + b$，其中 $k$ 称为直线的斜率，$b$ 称为截矩。

特例：若 $a\neq0$，则一般方程可为 $x + by + c = 0$；若 $b\neq0$，则一般方程可为 $ax + y + c = 0$。

线段：直线上两点间的有限部分(包括两个端点)。

线段 $P_1P_2$ 是两个相异点 $P_1$、$P_2$ 的凸组合的集合，其中 $P_1$、$P_2$ 称为线段的端点。

向量：具有大小和方向的量，与向量对应的量叫作标量(只有大小，没有方向)，即 $P_1$ 和 $P_2$ 的顺序是有关系的，记为 $P_1P_2$，如图 8-1 所示。

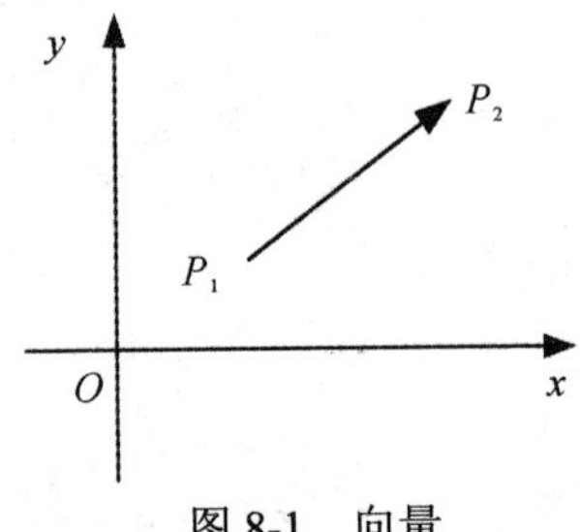


图 8-1 向量

* 本章为选讲内容。

向量可以用有向线段来表示。有向线段的长度表示向量的大小，向量的大小也就是向量的长度。长度为 0 的向量叫作零向量，长度等于 1 个单位的向量叫作单位向量。箭头所指的方向表示向量的方向。核心代码如下：

```
struct Point
{
    double x, y;        //Point(double x=0, double y=0):x(x), y(y){}
}

typedef Point Vector;
```

### 8.1.2　向量的运算

设 $OA = \boldsymbol{a}$，则有向线段 $OA$ 的长度叫作向量 $\boldsymbol{a}$ 的长度或模，记作$|a|$。

两个非 0 向量 $\boldsymbol{a}$、$\boldsymbol{b}$，在空间任取一点 $O$，作 $OA = \boldsymbol{a}$，$OB = \boldsymbol{b}$，则角$\angle AOB$ 叫作向量 $\boldsymbol{a}$ 与 $\boldsymbol{b}$ 的夹角，记作 $\langle \boldsymbol{a}, \boldsymbol{b} \rangle$。若 $\langle \boldsymbol{a}, \boldsymbol{b} \rangle = \pi/2$，则称向量 $\boldsymbol{a}$ 与 $\boldsymbol{b}$ 互相垂直，记作 $\boldsymbol{a} \perp \boldsymbol{b}$，如图 8-2 所示。

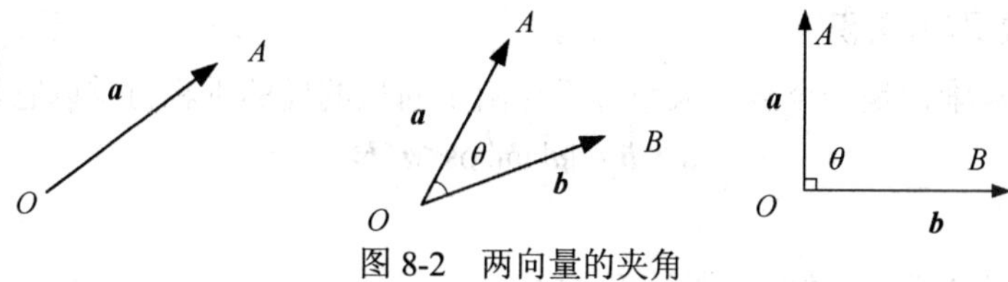

图 8-2　两向量的夹角

#### 1. 向量的加减法

1) *加法*

$$\begin{cases} \boldsymbol{a} = (x_1, y_1), \ \boldsymbol{b} = (x_2, y_2) \\ \boldsymbol{a} + \boldsymbol{b} = (x_1 + x_2, y_1 + y_2) \end{cases} \tag{8-1}$$

核心代码如下：

```
Vector operator + (Vector A, Vector B)
{
    return Vector(A.x+B.x, A.y+B.y);
}
```

以点 $O$ 为起点、$A$ 为端点作向量 $\boldsymbol{a}$，以点 $O$ 为起点、$B$ 为端点作向量 $\boldsymbol{b}$，则以点 $O$ 为起点、$P$ 为端点的向量称为 $\boldsymbol{a}$ 与 $\boldsymbol{b}$ 的和 $\boldsymbol{a} + \boldsymbol{b}$，如图 8-3(左图)所示。

2) *减法*

$$\begin{cases} \boldsymbol{a} = (x_1, y_1), \ \boldsymbol{b} = (x_2, y_2) \\ \boldsymbol{a} - \boldsymbol{b} = (x_1 - x_2, y_1 - y_2) \end{cases} \tag{8-2}$$

从 $A$ 点作 AB，则以 $B$ 为起点、$A$ 为端点的向量称为 $\boldsymbol{a}$ 与 $\boldsymbol{b}$ 的差 $\boldsymbol{a} - \boldsymbol{b}$，如图 8-3 右图

所示。

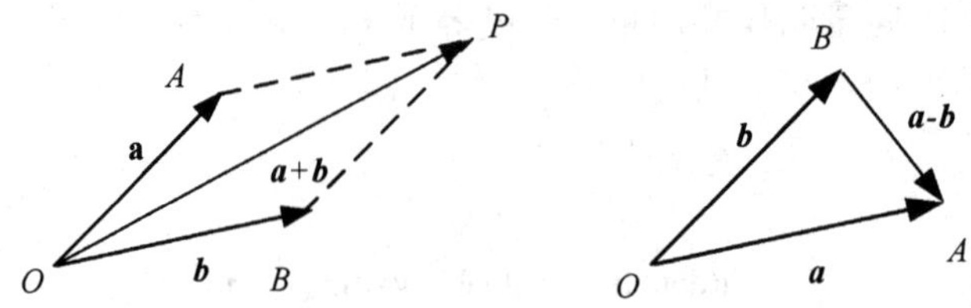


图 8-3　向量的加法和减法

核心代码如下：

```
Vector operator - (Point A, Point B)
{
    return Vector(A.x-B.x, A.y-B.y);
}
```

### 2. 向量的分解

定理：如果空间三个向量 $\boldsymbol{a}$，$\boldsymbol{b}$，$\boldsymbol{c}$ 不共面，那么对任一向量 $\boldsymbol{p}$，一定存在一个且仅一个有序实数组 $x$，$y$，$z$，使得：$\boldsymbol{p}=x\boldsymbol{a}+y\boldsymbol{b}+z\boldsymbol{c}$。含义与物理上的合力和力的分解一样。

### 3. 向量的数量积(点积)

两个向量的数量积是一个数，大小等于这两个向量的模的乘积再乘以它们夹角的余弦：

$$\boldsymbol{a}\cdot\boldsymbol{b}=|\boldsymbol{a}|\,|\boldsymbol{b}|\cos\langle\boldsymbol{a},\boldsymbol{b}\rangle$$

数量积的性质：

(1) $\boldsymbol{a}\cdot\boldsymbol{e}=|\boldsymbol{a}|\,|\boldsymbol{e}|\cos\langle\boldsymbol{a},\boldsymbol{e}\rangle=|\boldsymbol{a}|\cos\langle\boldsymbol{a},\boldsymbol{e}\rangle$。

(2) $\boldsymbol{a}\perp\boldsymbol{b}$ 等价于 $\boldsymbol{a}\cdot\boldsymbol{b}=0$，即 $\boldsymbol{a}_x\boldsymbol{b}_x+\boldsymbol{a}_y\boldsymbol{b}_y+\boldsymbol{a}_z\boldsymbol{b}_z=0$。

(3) 自乘：$|\boldsymbol{a}|^2=\boldsymbol{a}\cdot\boldsymbol{a}$。

(4) 结合律：$(\lambda\cdot\boldsymbol{a})\cdot\boldsymbol{b}=\lambda(\boldsymbol{a}\cdot\boldsymbol{b})$。

(5) 交换律：$\boldsymbol{a}\cdot\boldsymbol{b}=\boldsymbol{b}\cdot\boldsymbol{a}$。

(6) 分配律：$\boldsymbol{a}\cdot(\boldsymbol{b}+\boldsymbol{c})=\boldsymbol{a}\cdot\boldsymbol{b}+\boldsymbol{a}\cdot\boldsymbol{c}$。

### 4. 向量的向量积(叉积)

向量积的一般含义：两个向量 $\boldsymbol{a}$ 和 $\boldsymbol{b}$ 的向量积是一个向量，记作 $\boldsymbol{a}\times\boldsymbol{b}$，其模等于由 $\boldsymbol{a}$ 和 $\boldsymbol{b}$ 作成的平行四边形的面积，方向与平行四边形所在平面垂直。当站在这个方向观察时，$\boldsymbol{a}$ 逆时针转过一个小于 π 的角到达 $\boldsymbol{b}$ 的方向。这个方向也可以用物理上的右手定则判断：右手四指弯向由 $\boldsymbol{a}$ 转到 $\boldsymbol{b}$ 的方向(转过的角小于 π)，拇指指向的就是向量积的方向。

叉积的计算公式如下：

$$\boldsymbol{a}\times\boldsymbol{b}=|\boldsymbol{a}|\times|\boldsymbol{b}|\sin\theta \tag{8-3}$$

$\theta$ 为向量 $\boldsymbol{a}$ 旋转到向量 $\boldsymbol{b}$ 所经过的夹角。

同时，给出叉积的等价而更有用的定义，把叉积定义为一个矩阵的行列式：

$$p_1p_2=\det\begin{bmatrix}x_1 & x_2\\ x_1 & x_2\end{bmatrix}=x_1y_2-x_2y_1=-p_2p_1 \tag{8-4}$$

核心代码如下：

```
double Cross(Vector A, Vector B)                    //叉积
{
    return A.x*B.y-A.y*B.x;
}
```

### 8.1.3　常见几何问题计算

#### 1. 计算几何误差问题

计算几何问题的求解过程中常常涉及浮点运算和精度问题，需要对一个极小的数判断正负。在编写代码时常用 double 类型来定义，同时引入一个极小量 esp，一般取 eps = $10^{-8}$，判断两个数相等或者一个浮点数是否等于 0，不能直接用 $a = b$ 和 $a = 0$，而是用 $a - b <$ eps 和 $a <$ eps。因为判断浮点数的大小时，一般定义函数为 dcmp()来判断两个浮点数是否相等。实现代码如下：

```
int dcmp(double x, double x)
{
    if(fabs(x-y)<eps) return 0;
    else if(x<y) return -1;
    return 1;
}
```

#### 2. 折线段的拐向判断

折线段的拐向判断方法可以直接由矢量叉积的性质推出。对于有公共端点的线段 $P_0P_1$ 和 $P_1P_2$，通过计算$(P_2 - P_0)(P_1 - P_0)$的符号便可以确定折线段的拐向：

若$(P_2 - P_0)(P_1 - P_0) > 0$，则 $P_0P_1$ 在 $P_1$ 点拐向右侧后得到 $P_1P_2$。

若$(P_2 - P_0)(P_1 - P_0) < 0$，则 $P_0P_1$ 在 $P_1$ 点拐向左侧后得到 $P_1P_2$。

若$(P_2 - P_0)(P_1 - P_0) = 0$，则 $P_0$、$P_1$、$P_2$ 三点共线。

#### 3. 判断点是否在线段上

设点为 $Q$，线段为 $P_1P_2$，判断点 $Q$ 在该线段上的依据是：$(Q - P_1)(P_2 - P_1) = 0$ 且 $Q$ 在以 $P_1$，$P_2$ 为对角顶点的矩形内。前者是保证 $Q$ 点在直线 $P_1P_2$ 上，后者是保证 $Q$ 点不在线段 $P_1P_2$ 的延长线或反向延长线上。实现参考代码如下：

```
#include "iostream"
#include "cstdio"
#include "algorithm"
using namespace std;
struct point
{
    double x;
    double y;
};
```

```
bool onSegment(point Pi , point Pj, point Q)
{
    if((Q.x - Pi.x)* (Pj.y - Pi.y) == (Pj.x - Pi.x)* (Q.y - Pi.y)                    //叉乘
        && min(Pi.x, Pj.x) <= Q.x && Q.x <= max(Pi.x, Pj.x)
        && min(Pi.y, Pj.y) <= Q.y && Q.y <= max(Pi.y, Pj.y))
        return true;
    else
        return false;
}

int main()
{
    point p1 , p2 , q;
    cin >> p1.x >> p1.y;
    cin >> p2.x >> p2.y;
    cin >> q.x >> q.y;
    if(onSegment(p1, p2, q))
        cout <<"Q 点在线段 P1P2 上"<< endl;
    else
        cout <<"Q 点不在线段 P1P2 上"<< endl;
}
```

### 4. 判断两线段是否相交

1) 快速排斥试验

设以线段 $P_1P_2$ 为对角线的矩形为 $R$，设以线段 $Q_1Q_2$ 为对角线的矩形为 $T$，如果 $R$ 和 $T$ 不相交，显然两线段不会相交，实现代码如下：

```
double code(Point p1, Point p2, Point p3)
{
    return (p1.x-p3.x)*(p2.y-p3.y)-(p1.y-p3.y)*(p2.x-p3.x);
}
int online(Point p1, Point p2, Point p3)
{
    if(p3.x>=min(p1.x, p2.x)&&p3.x<=max(p1.x, p2.x)&&
    p3.y>=min(p1.y, p2.y)&&p3.y<=max(p1.y, p2.y))
        return 1;
    else return 0;
}
```

2) 跨立试验

如果两线段相交，则两线段必然相互跨立对方。若 $P_1P_2$ 跨立 $Q_1Q_2$，则矢量$(P_1-Q_1)$

和$(P_2-Q_1)$位于矢量$(Q_2-Q_1)$的两侧，即$(P_1-Q_1)(Q_2-Q_1)(P_2-Q_1)(Q_2-Q_1)<0$，也可写成$(P_1-Q_1)(Q_2-Q_1)(Q_2-Q_1)(P_2-Q_1)>0$。

当$(P_1-Q_1)(Q_2-Q_1)=0$时，说明$(P_1-Q_1)$和$(Q_2-Q_1)$共线，但是因为已经通过快速排斥试验，所以$P_1$一定在线段$Q_1Q_2$上；同理，$(Q_2-Q_1)(P_2-Q_1)=0$说明$P_2$一定在线段$Q_1Q_2$上。

所以判断$P_1P_2$跨立$Q_1Q_2$的依据是：$(P_1-Q_1)(Q_2-Q_1)(Q_2-Q_1)(P_2-Q_1)\geqslant 0$。

同理判断$Q_1Q_2$跨立$P_1P_2$的依据是：$(Q_1-P_1)\times(P_2-P_1)(P_2-P_1)\times(Q_2-P_1)\geqslant 0$。

实现代码如下：

```
int iscCross(Point p1, Point p2, Point p3, Point p4){
    if(code(p3, p4, p1)*code(p3, p4, p2)<0&&code(p1, p2, p3)*code(p1, p2, p4)<0)
        return 1;
    else if(code(p3, p4, p1) == 0&&online(p3, p4, p1))
        return 1;
    else if(code(p3, p4, p2) == 0&&online(p3, p4, p2))
        return 1;
    else if(code(p1, p2, p3) == 0&&online(p1, p2, p3))
        return 1;
    else if(code(p1, p2, p4) == 0&&online(p1, p2, p4))
        return 1;
    return 0;
}
```

### 5. 两条直线或线段交点坐标的计算

计算如图 8-4 所示的两条直线或线段交点坐标的计算公式如下：

$$\frac{OD}{OC}=\frac{S_{\triangle ABD}}{S_{\triangle ABC}}=\frac{\left|\overrightarrow{AD}\times\overrightarrow{AB}\right|}{\left|\overrightarrow{AC}\times\overrightarrow{AB}\right|}$$

$$x_O=\frac{S_{\triangle ABD\bullet x_C}+S_{\triangle ABC\bullet x_D}}{S_{\triangle ABD}+S_{\triangle ABC}}=\frac{\left|\overrightarrow{AD}\times\overrightarrow{AB}\right|\bullet x_C+\left|\overrightarrow{AC}\times\overrightarrow{AB}\right|\bullet x_D}{\left|\overrightarrow{AD}\times\overrightarrow{AB}\right|+\left|\overrightarrow{AC}\times\overrightarrow{AB}\right|}$$

$$y_O=\frac{S_{\triangle ABD\bullet y_C}+S_{\triangle ABC\bullet y_D}}{S_{\triangle ABD}+S_{\triangle ABC}}=\frac{\left|\overrightarrow{AD}\times\overrightarrow{AB}\right|\bullet y_C+\left|\overrightarrow{AC}\times\overrightarrow{AB}\right|\bullet y_D}{\left|\overrightarrow{AD}\times\overrightarrow{AB}\right|+\left|\overrightarrow{AC}\times\overrightarrow{AB}\right|}$$

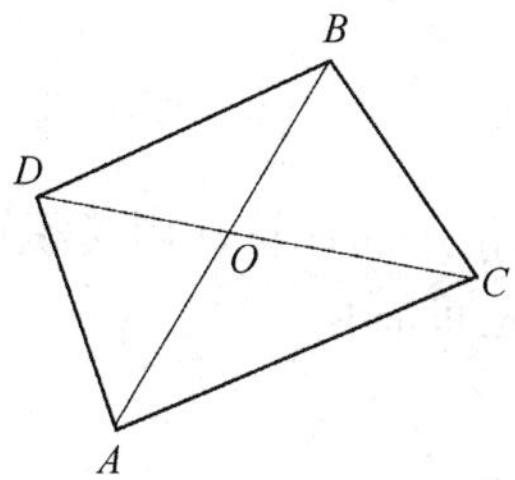


图 8-4　交点坐标计算

## 6. 面积计算

1) 三角形面积计算

(1) $$S=\frac{1}{2}A\times B=\frac{1}{2}|A|\times|B|\sin\theta$$

(2) 海伦公式：

$$p=\frac{a+b+c}{2}$$

$$S=\sqrt{p(p-a)(p-b)(p-c)}$$

2) 多边形面积计算

多边形面积的计算公式如下：

$$v_0,v_1,\ldots,v_{n-1}$$

$$S=\frac{1}{2}\left|\sum_{i=0}^{n-1}v_i\times v_{(i+1)\bmod n}\right|$$

多边形面积计算的示意图如图 8-5 所示。

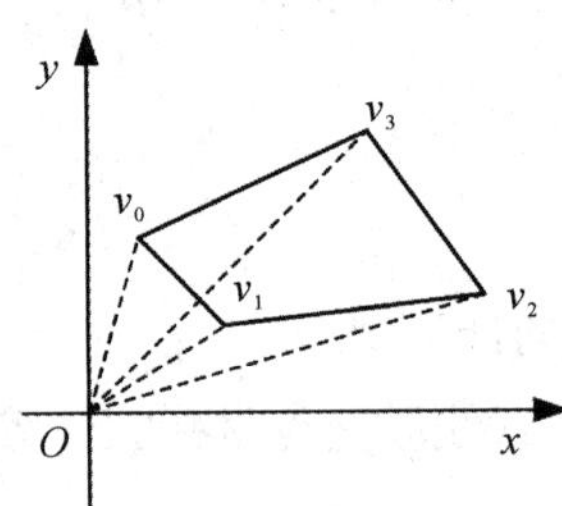


图 8-5　多边形面积计算

求多边形面积参考代码如下：

```
double PolyArea(Point* p, int n)                    //求多边形面积
{
    double area=0;
    for(int i=1; i<n-1; i++)
        area+=Cross(p[i]], p[(i+1)%n]);
    return area/2;
}
```

## 7. 点到线段的距离

点到线段的距离是计算几何中常用的计算，用叉积很容易得到，实现代码如下：

```
double DisPtoSeg(Point P, Point A, Point B)
{
    if(A == B) return Length(P-A);
    Vector v1=B-A, v2=P-A, v3=P-B;
```

```
        if(dcmp(Dot(v1, v2))<0) return Length(v2);
        else if(dcmp(Dot(v1, v3))>0) return Length(v3);
        else return fabs(Cross(v1, v2)/Length(v1));
    }
```

# 8.2 包含关系

## 8.2.1 判断图形是否在矩形中

(1) 判断矩形是否包含点。只要判断该点的横坐标和纵坐标是否夹在矩形的左右边和上下边之间。

(2) 判断线段、折线、多边形是否在矩形中。因为矩形是个凸集，所以只要判断所有端点是否都在矩形中就可以了。

(3) 判断矩形是否在矩形中。只要比较左右边界和上下边界就可以了。

(4) 判断圆是否在矩形中。很容易证明，圆在矩形中的充要条件是：圆心在矩形中且圆的半径小于等于圆心到矩形四边形的距离的最小值。

## 8.2.2 判断图形是否在多边形内部

### 1. 判定点是否在多边形内部

以点 $P$ 为端点，向左方做射线 $L$，由于多边形是有界的，所以射线 $L$ 的左端一定在多边形外。考虑沿着 $L$ 从无穷远处开始自左向右移动，遇到与多边形的第一个交点时，则是进入多边形的内部，遇到第二个交点时，则是离开了多边形。因此，当 $L$ 和多边形的交点数目 $n$ 是奇数时，$P$ 在多边形内，是偶数时 $P$ 在多边形外。

### 2. 判定线段是否在多边形内部

线段在多边形内的一个必要条件是线段的两个端点都在多边形内，但由于多边形可能为凹形，所以这不能成为判断的充分条件。如果线段和多边形的某条边内交(两线段内交是指两线段相交且交点不在两线段的端点)，由于多边形的边的左右两侧分属多边形内外不同部分，所以线段一定会有一部分在多边形外。那么，线段在多边形内的第二个必要条件：线段和多边形的所有边都不内交。

线段和多边形交于线段的两端点并不会影响线段是否在多边形内；但是如果多边形的某个顶点和线段相交，还必须判断两相邻交点之间的线段是否包含于多边形内部。因此，可以先求出所有和线段相交的多边形的顶点，然后按照 $X$-$Y$ 坐标排序，这样相邻的两个点就是在线段上相邻的两交点；如果任意相邻两点的中点也在多边形内，则该线段一定在多边形内。因此，只需要判断这些中点是否在多边形内部即可。

### 3. 判定折线是否在多边形内部

只要判断折线的每条线段是否都在多边形内即可。设折线有 $m$ 条线段，多边形有 $n$ 个顶点，则该算法的时间复杂度为 $O(m\times n)$。

### 4. 判定多边形是否在多边形内部

只要判断多边形的每条边是否都在多边形内即可。判断一个有 $m$ 个顶点的多边形是否在一个有 $n$ 个顶点的多边形内的复杂度为 $O(m\times n)$。

### 5. 判定矩形是否在多边形内部

将矩形转化为多边形，然后再判断是否在多边形内。

### 6. 判定圆是否在多边形内部

计算圆心到多边形的每一条边的最短距离，如果该距离大于等于圆的半径则表示该圆在多边形内部。计算圆心到边的距离就是点到线段的最短距离。

# 8.3 凸　　包

## 8.3.1 凸包的定义

对任意平面上给定的点集 $Q$，它的凸包是指一个最小凸多边形，满足 $Q$ 中的点或者在多边形边上或者在其内。图 8-6 中由线段组成的多边形就是点集 $Q = \{p_0, p_1, p_2, p_3, p_4, p_5\}$ 的凸包。

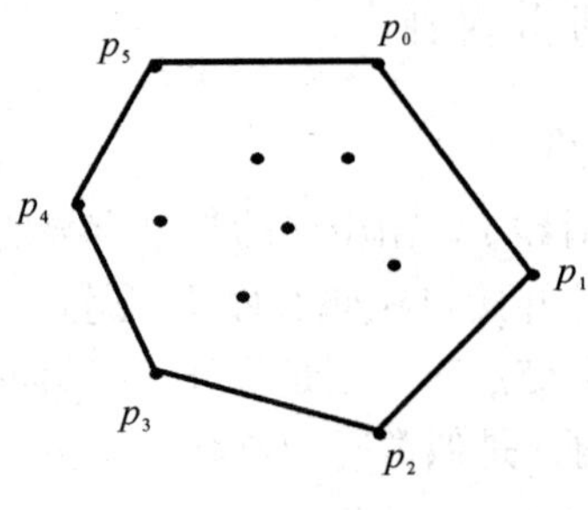


图 8-6　凸包

直观地讲，对于一个平面点集或者一个多边形，它的凸包指的是包含它的最小凸图形或最小凸区域。

## 8.3.2 求解凸包的算法

求解凸包的算法有 Jarvis March 步进算法、Graham Scan 扫描法、Andrew 算法、分治法和 Melkman 算法等，比较常用的有 Jarvis March 步进算法和 Graham Scan 扫描法，前者的算法复杂度为 $O(n\times h)$，后者的算法复杂度为 $O(n\log n)$。

### 1. Jarvis March 步进算法

该算法的主要思想类似选择排序。

算法思路：纵坐标最小且横坐标最小的点一定是凸包上的点，将其记为 $p_0$。从 $p_0$ 开始，按逆时针方向，逐个找凸包上的点，每前进一步找到一个点，所以叫作步进法。如何找下一个点呢？利用夹角。假设已经找到$\{p_0, p_1, p_2\}$，要找下一个点：剩下的点分别和 $p_2$ 组成向量，设这个向量与向量 $\overrightarrow{p_1p_2}$ 的夹角为 $\beta$，当 $\beta$ 最小时，该点就是所求的下一个点，如图 8-7 所示。

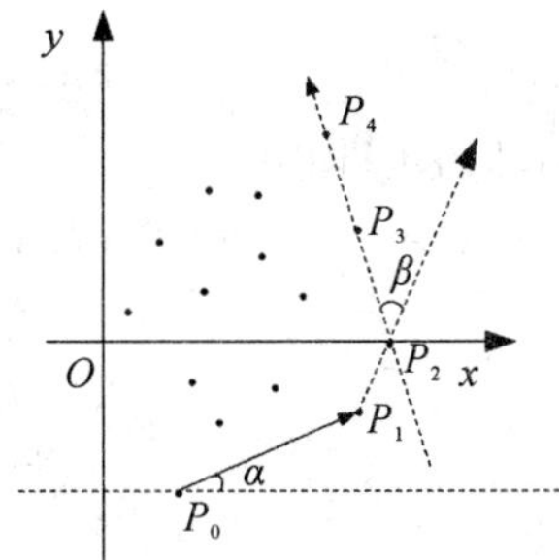


图 8-7　Jarvis March 法求凸包

时间复杂度：$O(nH)$($n$ 为点的总个数，$H$ 为凸包上点的个数)，具有输出敏感性，所花费的时间与输出的凸包的顶点个数有关。

算法实现代码如下：

```
bool ToLeft(Point p, Point q, Point s)
{
    int area2=p.x*q.y-p.y*q.x+q.x*s.y-q.y*s.x+s.x*p.y-s.y*p.x;
    return area2>0;                                    //左侧为真
}

int ltl(PointS[], int n)
{
    int LTL=0;
    for(int k=1; k<n; k++)
    if(S[k].y<S[LTL].y||(S[k]y == S[LTL].y&&S[k].x < S[LTL].x))
    LTL=K;
    return LTL;
}

void Jarvis(Point S[], int n)
{
    for (int = 0; k < n; k++)
    S[k].extreme = false;                              //首先将所有点标记为非极点
    int LTL=ltl(s, n);                                 //找到 LTL
    int k = LTL;                                       //将 LTL 作为第一个极点
    do
    {
        S[k].extreme = true;                           //判定为极点
```

```
            int s = -1;  //选取下一个极点，每次比较两个点 s 和 t，做点 t 和有向边 ks 的 to left test，
                              最终找到 s
            for (int t = 0; t < n; t++)
              if (t != k && t != s &&                    //除了 k 和 s 外每个点
                (s == -1||!ToLeft(P[k], P[s], P[t])))
                s = t;                                   //如果 t 在 s 右边
                S[k].succ = s;                                //k 点的后继为 s
                k = s;                                        //s 变为下一次查找的起点
        }while(LTL!=k)
    }
```

### 2. Graham-Scan 算法

Graham-Scan 扫描的思想与 Jarvis March 步进法类似，也是先找到凸包上的一个点，然后从这个点开始按逆时针方向逐个找凸包上的点，但它不是利用夹角。

把所有点放在二维坐标系中，则纵坐标最小的点一定是凸包上的点，如图中的 $p_0$。把所有点的坐标平移一下，使 $p_0$ 作为原点，如图 8-8 所示。

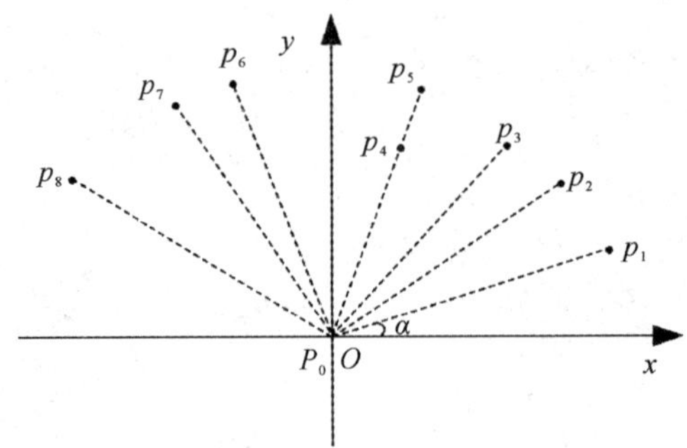


图 8-8　Graham-Scan 扫描法求凸包

算法步骤：

(1) 计算各个点相对于 $p_0$ 的幅角 $\alpha$，按从小到大的顺序对各个点排序。

(2) 当 $\alpha$ 相同时，距离 $p_0$ 比较近的排在前面。如图 8-8 中，得到的结果为 $p_1$，$p_2$，$p_3$，$p_4$，$p_5$，$p_6$，$p_7$，$p_8$。

(3) 由几何知识可知，结果中第一个点 $p_1$ 和最后一个点 $p_8$ 一定是凸包上的点。已经知道了凸包上的第一个点 $p_0$ 和第二个点 $p_1$，把它们放在栈里面，从按极角排好的集合里，把 $p_1$ 后面的那个点拿出来作为当前点，即 $p_2$，接下来开始找第三个点。

(4) 连接栈顶的点与次栈顶的点，得到直线 $l$。判断当前点是在直线 $l$ 的右边还是左边。如果在直线的右边就执行步骤(5)；如果在直线上，或者在直线的左边就执行步骤(6)。

(5) 如果在右边，则栈顶的那个点不是凸包上的点，把栈顶点出栈。执行步骤(4)。

(6) 当前点是凸包上的点，把它压入栈，执行步骤(7)。

(7) 检查当前的点 $p_i$ 是不是步骤(3)结果的最后一个点。若是最后一个点，结束；若不是，就把 $p_i$ 后面的点作为当前点，返回步骤(4)。

(8) 最后栈中所有点就是凸包上的点。

时间复杂度：对 Graham-Scan 算法实现的步骤分析，可以得到其时间复杂度为 $O(n)$，但由于其预处理排序时间复杂度为 $O(n\log n)$，故总的时间复杂度为 $O(n\log n)$。具体实现代码如下：

```
const int maxn=1e3+5;
struct Point {
    double x, y;
    Point(double x = 0, double y = 0):x(x), y(y){}
};
typedef Point Vector;
Point lst[maxn];
int stk[maxn], top;
Vector operator - (Point A, Point B){
    return Vector(A.x-B.x, A.y-B.y);
}
int sgn(double x){
    if(fabs(x) < eps)
        return 0;
    if(x < 0)
        return -1;
    return 1;
}
double Cross(Vector v0, Vector v1) {
    return v0.x*v1.y - v1.x*v0.y;
}
double Dis(Point p1, Point p2) {                    //计算 p1p2 的距离
    return sqrt((p2.x-p1.x)*(p2.x-p1.x)+(p2.y-p1.y)*(p2.y-p1.y));
}
bool cmp(Point p1, Point p2) {                      //极角排序函数，角度相同则距离小的在前面
    int tmp = sgn(Cross(p1 - lst[0], p2 - lst[0]));
    if(tmp > 0)
        return true;
    if(tmp == 0 && Dis(lst[0], p1) < Dis(lst[0], p2))
        return true;
    return false;
}
                                                //点的编号 0～n - 1
                                                //返回凸包结果 s - tk[0～top - 1]为凸包的编号
void Graham(int n) {
    int k = 0;
```

```
    Point p0;
    p0.x = lst[0].x;
    p0.y = lst[0].y;
    for(int i = 1; i < n; ++i) {
        if( (p0.y > lst[i].y) || ((p0.y == lst[i].y) && (p0.x > lst[i].x)) ) {
            p0.x = lst[i].x;
            p0.y = lst[i].y;
            k = i;
        }
    }
    lst[k] = lst[0];
    lst[0] = p0;
    sort(lst + 1, lst + n, cmp);
    if(n == 1) {
        top = 1;
        stk[0] = 0;
        return ;
    }
    if(n == 2) {
        top = 2;
        stk[0] = 0;
        stk[1] = 1;
        return ;
    }
    stk[0] = 0;
    stk[1] = 1;
    top = 2;
    for(int i = 2; i < n; ++i) {
        while(top > 1 && Cross(lst[stk[top - 1]] - lst[stk[top - 2]], lst[i] - lst[stk[top - 2]]) <= 0)
            --top;
        stk[top] = i;
        ++top;
    }
    return ;
}
```

### 3. Andrew 算法

Andrew 算法由 Graham-Scan 算法变种而来，与原始的 Graham-Scan 算法相比，Andrew 算法更快且稳定性更好。

预处理：首先把所有点按照 Leftmost Then Lowest 原则排序，删除重复点后得到序列 $p_1$，$p_2$，…，然后把 $p_1$ 和 $p_2$ 放到凸包中。

算法步骤：从 $p_3$ 开始，当新点在凸包的“前进”方向的左边时继续，否则依次删除最近加入凸包的点，直到新点在左边。重复此过程，直到碰到最右边的 $p_n$，就求出了“下凸包”。然后反过来从 $p_n$ 开始再做一次，求出“上凸包”，合并起来就是完整的凸包。

时间复杂度：两次扫描时间复杂度均为 $O(n)$，由于预处理排序的时间复杂度为 $O(n\log n)$，因此总时间复杂度为 $O(n\log n)$，参考代码如下：

```
struct Point {
    double x, y;
    Point(double x = 0, double y = 0):x(x), y(y){}
};
typedef Point Vector;
Vector operator - (Point A, Point B){
    return Vector(A.x-B.x, A.y-B.y);
}
bool operator < (const Point& a, const Point& b){
    if(a.x == b.x)
        return a.y < b.y;
    return a.x < b.x;
}
double Cross(Vector v0, Vector v1) {
    return v0.x*v1.y - v1.x*v0.y;
}
                                //在精度要求高时建议用 dcmp 比较
                                //输入不能有重复点，函数执行完后输入点的顺序被破坏
int ConvexHull(Point* p, int n, Point* ch) {
    sort(p, p+n) ;              //计算凸包，输入点数组为 p，个数为 n，输出点数组为 ch
    int m = 0;
    for(int i = 0; i < n; ++i) {
        while(m > 1 && Cross(ch[m-1] - ch[m-2], p[i] - ch[m-2]) < 0) {
            m--;
        }
        ch[m++] = p[i];
    }
    int k = m;
    for(int i = n-2; i>= 0; --i) {
        while(m > k && Cross(ch[m-1] - ch[m-2], p[i] - ch[m-2]) < 0) {
            m--;
        }
```

```
            ch[m++] = p[i];
        }
    if(n > 1)
        --m;
    return m;
}
```

## 8.4 本章小结

计算几何是程序设计竞赛中非常考验选手编写代码能力的知识点，同时也是初学者要面临的难题，需要有一定的平面几何与解析几何以及数形结合的相关知识。本章介绍了计算几何的基本工具叉积和点积，以及计算几何的常见问题和解决方法，希望对读者了解并应用计算几何知识来解决具体问题有所帮助。

本章的知识点参见图 8-9。

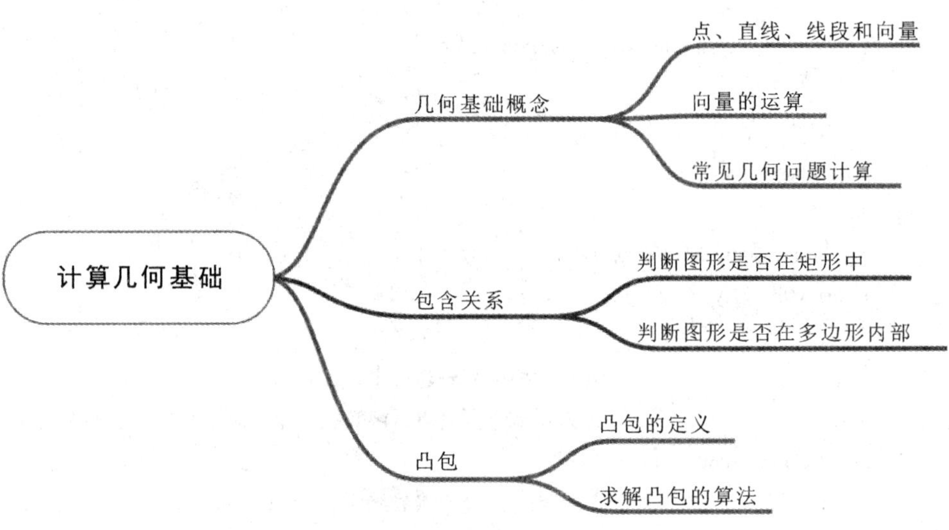


图 8-9　计算机几何基础知识点

# 第 9 章　高 级 算 法

对于一个传统的算法，在开始计算前大致就知道数据的输入范围，而且在解决一个问题的同时就输出结果。但在应用数据高速增长的场景下，已有的静态计算模型和方法难以应对数据高速更新的挑战，一些针对大规模复杂数据流的算法应运而生，如流算法(关注精确呈现过去的输入所使用的内存量)，图算法(关注数据与数据之间的关联紧密、路径、连通分量等)和动态算法(关注维护一个在线输入的结果所需要的时间复杂度)。这类算法涉及概率统计、图论等数学方法及计算模型，统称为高级算法。本章主要介绍流算法、图算法的基本思想和概念、算法原理和步骤以及在信息匹配等问题中的分析和解决方法。

## 9.1　流 算 法

在有些情况下，数据以一个或者多个流的方式出现，如果不对数据及时进行存储和处理，数据将会永远丢失。这就是我们所说的数据流问题。

对于数据流只能以流的方式一个一个按顺序访问数据，无法像访问数组一样随机访问数据流中任意位置的元素，只能对数据进行少数次的整体扫描，最好情况是只扫描数据一次。

在数据流算法中，有两个重要的结论：

(1) 通常情况下，获得问题的近似解比精确解要高效得多。

(2) 为了产生与精确解相当接近的近似解，与哈希(Hash)相关的技术被证明十分有用。

### 9.1.1　数据流的基本概念

假设数据流 $\sigma = \{a_1, a_2, ..., a_m\}$($m$ 为数据流的长度)，任意元素 $a_i$ 从$\{1, 2, ..., n\}$($n$ 为可能出现的元素总数)中选择。一般情况下，$m$ 和 $n$ 的值都非常大，所以需要用空间亚线性算法处理数据流问题。

如果对数据流处理函数为 $\varphi(\sigma)$，通常为一个实数。很多基本函数被证明在空间亚线性($O(\min\{n, m\})$)的情况下无法得到精确解，所以需要找到 $\varphi(\sigma)$的估计值或近似值。如何对算法结果的质量进行判断呢？假设算法的输出为 $A(\sigma)$，如果算法满足下面的不等式，则将算法称为$(\varepsilon, \delta)$-近似。

$$P_r\left\{\left|\frac{A(\sigma)}{\varphi(\sigma)}-1\right|>\varepsilon\right\}\leqslant\delta \tag{9-1}$$

如果 $\varphi(\sigma)$为 0 或者非常接近 0，则满足下面不等式即可。

$$P_r\left\{\left|A(\sigma)-\varphi(\sigma)\right|>\varepsilon\right\}\leqslant\delta \tag{9-2}$$

对于数据流的定义，有不同的方式。一般只涉及数据到来(Vanilla Streaming Model)。另外一种变种(Turnstile Streaming Model)是某些元素不仅可以到来，而且还可以离开。

在数据流算法中经常使用到哈希函数。具体使用的哈希函数必须保证具有较低的冲突率。2-Universal Hashing 和 Strongly 2-Universal Hashing 定义如下：如果 $H$ 是一个从 $U$ 映射到 $D$ 的哈希函数族，$x$，$y\in U$，$x\neq y$，则满足下面不等式：

$$P_{r(h\in H)}\left\{h(x)=h(y)\right\}\leqslant\frac{1}{|D|} \tag{9-3}$$

则称 Hash 函数族是 2-Universal 的。

如果满足：

$$P_{r(h\in H)}\left\{h(x)=a\,\&\,h(y)=b\right\}=\frac{1}{|D|^2} \tag{9-4}$$

则称 Hash 函数族是 Strongly 2-Universal 的。该定义可以拓展到 k-Universal。

### 9.1.2 数据流的基本问题——确定频繁元素

对于频繁元素，也可以称作 Heavy Hitter，大概有这么几类问题：比如找出出现最为频繁的前 $k$ 个元素，找出出现超过 $m/k$ 次的元素，计算某个具体元素的出现次数，计算某个连续范围内元素出现总次数等。这里主要讨论如何求第二个问题。

问题描述：数据流 $\sigma=\{a_1, a_2, ..., a_m\}$($m$ 为数据流的长度)，对于任意元素 $a_i\in\{1, 2,..., n\}$，可以定义每个元素出现的次数为 $f=(f_1, f_2,..., f_n)$，其中 $f_i$ 为第 $i$ 个元素出现的次数。因此得出：

$$m=\sum_{i=1}^{n}f_i \tag{9-5}$$

如果给定参数 $k$，要求出所有出现次数超过 $m/k$ 的元素，也就是输出集合：$\{j: f_i > \mathrm{m/k}\}$。首先从一个简单特例入手，对这个问题进行分析和解决。

有个经典的过半元素查找问题，给定一个数组，找出出现次数超过一半的元素。对于这个问题一个比较好的解决方法就是不断删除两个不同的元素，最终剩下的元素就是所要求的元素。使用一个变量 ans 作为候选。该方法时间复杂度为 $O(n)$，空间复杂度为 $O(1)$。具体实现代码如下：

```
int majority_element(vector<int>nums){
    int len = nums.size, count = 0, ans = 0;
    for(int i=0; i<len; i++){
        if(count == 0)[
            ans = nums[i];
```

```
            count++;
        }else{
            if(ans == nums[i]){
                count++;
            }else{
                count--;
            }
        }
    }
    return ans;
}
```

在解决了这个简单问题后，就可以对这个问题进行扩展，如何找出出现总数目的 1/4 的元素。该问题的解决方法就是对上面算法的改进。上面算法中 $k = 2$，使用一个变量作为候选。这里使用一个大小为 $k - 1$ 的变量作为候选，因为至多有 $k - 1$ 个元素的出现次数超过 $m/k$，否则不符合实际情况。具体实现可以使用一个映射，映射里存放元素及其出现的次数。访问到第 $i$ 个元素时，如果这个元素在映射中，则将对应出现次数加 1，否则判断映射的大小。如果映射小于 $k - 1$，则将其添加到映射中，设其出现次数为 1。否则将映射里面所有的元素次数都减 1。如果某元素对应的次数为 0，则从映射中删去该元素。具体实现代码如下。

```
void frequent_element(vector<int>nums, int k){
    map <int, int>num_cnt_map;
    for(int i=0; i<nums.size(); i++){
        if(num_cnt_map.find(nums[i])!=num_cnt_map.end()){
            num_cnt_map[nums[i]]=num_cnt_map[nums[i]]+1;
        }else if(num_cnt_map.size() < k-1){
            Num_cnt_map[nums[i]]=1;
        }else{
            for(map<int,int>::iterator it=num_cnt_map.brgin(); it!=num_cnt_map.end(); it++){
                num_cnt_map[it->first]=num_cnt_map[it->first]-1;
                if(num_cnt_map[it->first] == 0){
                    Num_cnt_map.erase(it);
                }
            }
        }
    }
}
```

算法分析：在映射中的元素次数都减 1，这个步骤(第 9 行到第 14 行的循环)一共减去了 $k$(映射中总共 $k$ 个元素，每个元素对应次数减 1)。所有元素出现的总次数为 $m$，所以该步骤至多执行 $m/k$ 次。显然任意出现次数超过 $m/k$ 的元素最后一定仍留在映射中。上述算法的缺点就是：如果出现次数超过 $m/k$ 的元素非常少，那么最终映射中的某些元素不一定大于 $m/k$，这些不符合条件的元素就是所谓的“False Positive”。对于最终映射中元素可能没有 $k-1$ 个，则需要对原数据流再做一次扫描，从而确定候选元素的出现次数，从而得出精确解。

### 9.1.3 Lossy Counting 和 Sticky Sampling 算法

对于频繁元素的计算问题(找出出现次数超过 $m/k$ 的元素)，上述算法返回的结果中可能包含出现次数超过 $m/k$ 的元素，也可能包含不超过 $m/k$ 的元素(False Positive)。对于这个缺点，必须额外进行一次重新扫描，以确定最终答案。对于只允许进行一次的扫描，该怎么去做呢？这里简单讨论 Lossy Counting 算法和 Sticky Sampling 算法。

定义两个参数，一个是支持度阈值 $s$，一个是允许错误范围参数 $\varepsilon(\varepsilon<<s)$。如果想要找出出现频率超过 0.1%的元素，则 $s = 0.1\%$。要找到出现次数超过 $s \times m$ 的元素，允许算法返回结果一定的错误，允许的范围是 $\varepsilon \times m$，也就是说结果中不会出现次数少于$(s-\varepsilon) \times m$ 的元素。通常设 $\varepsilon$ 为 $s$ 的 1/10。

Lossy Counting 算法描述如下：

(1) 将整个数据流切分成多个窗口，如图 9-1 所示。

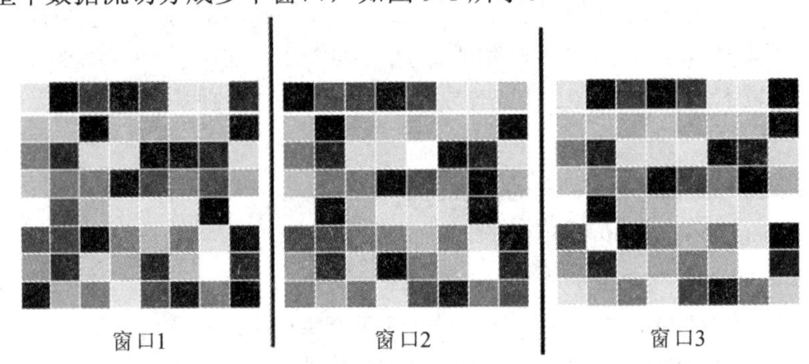


图 9-1　切分成多个窗口

(2) 对于第一个窗口，先统计每个元素及其出现次数，处理结束后，每个元素的出现次数都减 1，如图 9-2 所示。

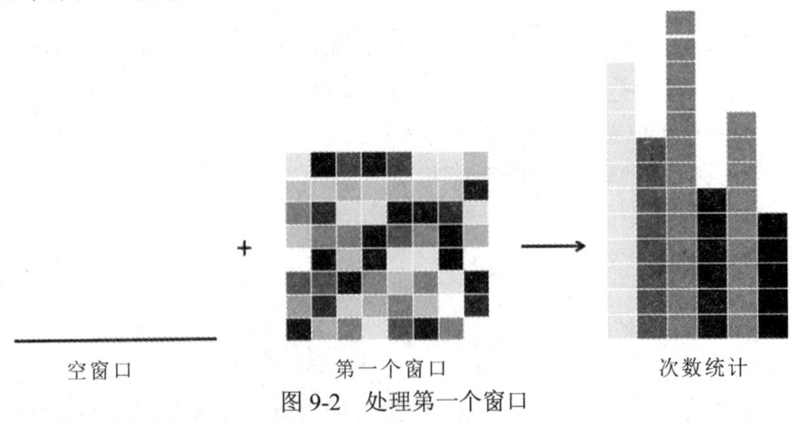


图 9-2　处理第一个窗口

(3) 继续处理后面的窗口。每处理完一个窗口对保存的所有元素的出现次数都减 1，如图 9-3 所示。

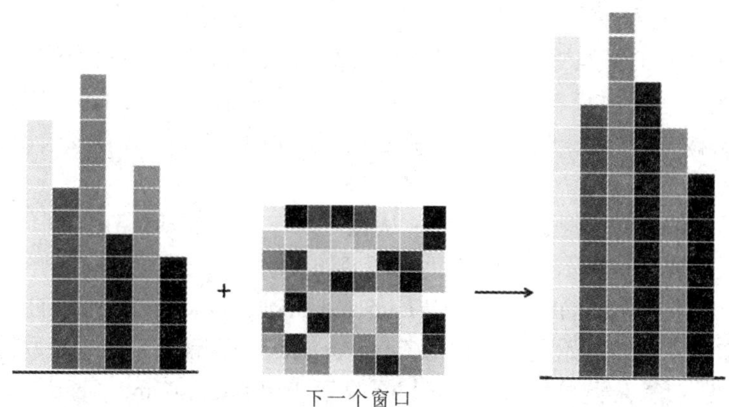


图 9-3 依次处理后面的窗口

Lossy Counting 算法输出最终计数超过$(s-\varepsilon)\times m$的元素。

如果整个数据流的长度为 $m$，那么窗口大小 $w=1/\varepsilon$。这样任意元素统计的最大误差是 $\varepsilon\times m$，其空间复杂度为 $1/\varepsilon\times\log(\varepsilon\times m)$。Lossy Counting 算法的误差比上节中的方法小，是以使用更多的空间作为代价。

Sticky Sampling 算法的思想是通过采样对频繁元素进行估计。该算法比 Lossy Counting 多了一个参数——错误率 $\delta$(很小的实数，比如 0.01%)。该算法中涉及一个数据结构 $S$，每条记录的形式为<$x$，$f_e(x)$>，其中 $x$ 为元素 $e$ 出现次数的估计。

初始状态 $S$ 为空，采样率 $r$ 设为 1。用 $r$ 采样判断是否选择某个元素是指以 $1/r$ 的概率进行选取。对于到来的每一个元素 $e$，如果 $e$ 已经存在于 $S$ 中，只需对 $f_e(e)$加 1，否则对该元素进行采样。如果该元素被选择，则向 $S$ 中添加新的记录<$e$，1>；如果没有被选中，则忽略 $e$ 并接着处理后续的元素。

对于采样率 $r$ 一般随数据流的不断增加而变化，通常设 $t=1/\varepsilon\log(s^{-1}\delta^{-1})$。在前 $2t$ 个元素，$r=1$；后 $2t$ 个元素，$r=2$；后 $4t$ 个元素，$r=4$，依次类推。整个过程就像一轮一轮一样，每轮的 $r$ 值固定，若发现 $r$ 变化之后，就扫描 $S$ 中的记录。对于每条记录<$x$，$f_e(x)$>，连续投掷一个硬币(出现正面和反面的概率相等)，直到出现正面。每次出现反面时，就将 $f_e(e)$减 1，如果 $f_e(e)$为 0，则将该记录从 $S$ 中删去。

Sticky Sampling 保证在满足较高概率$(1-\delta)$的情况下，元素出现次数最多小于真实值 $\varepsilon\times m$，结果中不会出现对元素估计少于$(s-\varepsilon)\times m$的情况。可以证明，Sticky Sampling 算法运行过程中 $S$ 中最多包含 $2/\varepsilon\log(s^{-1}\delta^{-1})$条记录，也就是算法的空间复杂度。可以发现，Sticky Sampling 算法的空间复杂度和数据流的长度 $m$ 无关。

基础的数据流算法除了频繁元素问题，还包括采样问题、独立元素个数问题和 $k$ 阶矩问题等。

## 9.2 图 算 法

图分析使用基于图的方法来分析连接的数据。我们在查询图数据时，可以使用基本统计信息，可视化地探索图、展示图，或者将图信息预处理后合并到机器学习任务中。图的查询通常用于局部数据分析，而图计算通常涉及整张图和迭代分析。

图算法是图分析的工具之一，提供了一种最有效的分析连接数据的方法，描述了如何处理图以发现一些定性或者定量的结论。图算法基于图论，利用结点之间的关系来推断复杂系统的结构和变化。我们可以使用这些算法发现隐藏的信息，验证业务假设，并对行为进行预测。

图分析和图算法具有广泛的应用潜力：从防止欺诈、优化呼叫路由，到预测流感的传播。比如航线网络图能清楚地展示航空运输集群高度连接的结构，帮助我们了解航空运力流动情况。航线网络一般采用典型的辐射式结构(Hub-and-Spoke Structure)，这样的结构在有限运力的前提下，能增大了航线的始发—到达对(OD Pair)，但是也带来了系统级联延迟的可能。

图算法主要包含三类核心算法：路径搜索(Pathfinding and Search)、中心性计算(Centrality Computation)和社群发现(Community Detection)。其中路径搜索算法在第六章已经进行了讨论，这里主要介绍中心性计算和社群发现。

### 9.2.1 中心性算法

中心性算法(Centrality Algorithms)用于识别图中特定结点的角色及其对网络的影响。中心性算法能够帮助识别最重要的结点，了解组动态，例如可信度、可访问性、事物传播的速度以及组与组之间的连接。尽管中心性算法有许多是应用于社会网络分析，但在许多行业和领域中也得到了应用。

中心性算法主要涵盖了以下的指标：

(1) 度中心性(Degree Centrality)，以度作为标准的中心性指标。度统计了一个结点直接相连的边的数量，包括出度(out-degree)和入度(in-degree)。Degree Centrality 可以简单地理解为一个结点的访问机会的大小。例如，在一个社交网络中，一个拥有更多度的人(结点)更容易与人发生直接接触，也更容易获得流感。

一个网络的平均度(Average Degree)，是边的数量除以结点的数量。由于平均度很容易被一些具有极大度的结点“带跑偏”(Skewed)，所以，度的分布(Degree Distribution)是表征网络特征的更好指标。

如果使用出度、入度来评价结点的中心性，则可以使用 Degree Centrality。度中心性在关注直接连通时具有很好的效果。例如，区分在线拍卖的合法用户和欺诈者，欺诈者由于常常人为抬高拍卖价格，拥有更高的加权中心性(Weighted Centrality)。

(2) 紧密中心性(Closeness Centrality)，是一种检测能够通过子图有效传播信息的结点检测方法。紧密中心性计量一个结点到所有其他结点的紧密性(距离的倒数)，一个拥有高紧密中心性的结点到所有其他结点的距离最小值。

对于一个结点来说，紧密中心性是结点到所有其他结点的最小距离和的倒数，可表示为

$$C(u)=\frac{1}{\sum_{v=1}^{n-1}d(u,v)} \tag{9-6}$$

其中，$u$ 是要计算紧密中心性的结点，$n$ 是网络中总的结点数，$d(u, v)$代表结点 $u$ 与结点 $v$ 的最短路径距离。更常用的公式是归一化后的中心性，即计算结点到其他结点的平均距离

的倒数，将式(9-6)中的分子 1 变成 $n-1$ 即可。

以式(9-6)可以发现，如果图是一个非连通图，那么就无法计算紧密中心性。针对非连通图，调和中心性(Harmonic Centrality)被提了出来。

Wasserman and Faust 提出过另一种计算紧密中心性的公式，专门用于包含多个子图且子图间不相连接的非连通图，其计算公式为

$$C_{\mathrm{WF}}(u)=\frac{n-1}{N-1}\left(\frac{n-1}{\sum_{v=1}^{n-1}d(u,v)}\right) \tag{9-7}$$

其中，$N$ 是图中总的结点数量，$n$ 是一个部件(component)中的结点数量。当希望关注网络中传播信息最快的结点，就可以使用紧密中心性。

(3) 中介中心性(Betweenness Centrality)，是一种检测结点对图中信息或资源流的影响程度的方法，通常用于寻找连接图的两个部分的桥梁结点。很多时候，一个系统最重要的“齿轮”不是那些状态最好的，而是一些看似不起眼的“媒介”，因为它们掌握着资源或者信息的流动性。

中介中心性算法首先计算连接图中每对结点之间的最短(最小权重和)路径。每个结点都会根据这些通过结点的最短路径的数量得到一个分数。结点所在的路径越短，得分越高。计算公式：

$$B(u)=\sum_{s\neq u\neq t}\frac{p(u)}{p} \tag{9-8}$$

其中，$p$ 是结点 $s$ 与 $t$ 之间最短路径的数量，$p(u)$是经过结点 $u$ 的数量。图 9-4 给出了经过结点 $D$ 的最短路径数量的计算过程。

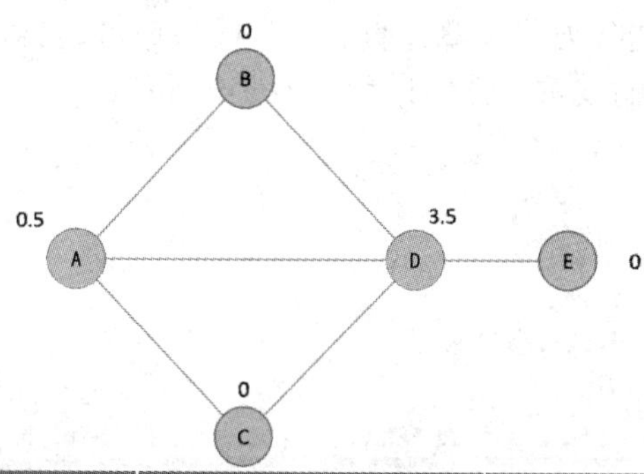


| 两点经过 D 最短路径 | 两点之间所有路径数 | 两点经过 D 最短路径占比 |
|---|---|---|
| A, E | 1 | 1 |
| B, E | 1 | 1 |
| C, E | 1 | 1 |
| B, C | 2 | 0.5 |
| 得分 | | 3.5 |

图 9-4 结点分数计算过程

在一张大图上计算中介中心性十分昂贵，所以需要速度更快的、成本更小的，并且精度大致相同的算法来计算，例如 Randomized-Approximate Brandes。

中介中心性在现实的网络中有着广泛的应用，用它可以发现瓶颈、控制点和漏洞。例如，识别不同组织的媒介影响中心点，又例如寻找电网的关键点，以提高整体鲁棒性。

PageRank 是比较著名的一个中心性算法，该算法可以测量结点传递影响的能力。PageRank 不但考虑结点的直接影响，也考虑“邻居”的影响力。例如，一个结点拥有一个有影响力的“邻居”，可能比拥有很多不太有影响力的“邻居”更有影响力。PageRank 通过统计结点的传入关系的数量和质量，决定该结点的重要性。

PageRank 算法以谷歌联合创始人拉里·佩奇的名字命名，他创建这个算法用来对谷歌搜索结果中的网站进行排名。不同的网页之间相互引用，网页作为结点，引用关系作为边，就可以组成一个网络。被更多网页引用的网页，应该拥有更高的权重；被更高权重引用的网页，也应该拥有更高权重。原始公式：

$$\text{PageRank}(p_i)=\frac{1-d}{N}+d\sum_{p_j}\frac{\text{PageRank}(p_j)}{L(p_i)} \tag{9-9}$$

其中，$p_i$ 是计算 PageRank 的网页；$N$ 是引用的网页数；$d$ 称为阻尼系数(Damping Factor)，代表一个用户继续点击网页的概率，一般被设置为 0.85，范围 0～1；$L(p_i)$是结点 $p_i$ 的出度。$1-d$ 代表不通过链接而是随机输入网址访问该网页的概率。

从理解上来说，PageRank 算法假设一个用户在访问网页时，可能随机输入一个网址，也可能通过一些网页的链接访问到别的网页，那么阻尼系数则代表用户对当前网页感到无聊，随机选择一个链接访问到新的网页的概率，因此，PageRank 的数值就代表网页通过其他网页链接过来(入度)的可能性。

PageRank 算法采用迭代方式计算，直到结果收敛或者达到迭代上限。每次迭代都会分两步更新结点权重和边的权重，详细过程如图 9-5 所示。

初始化

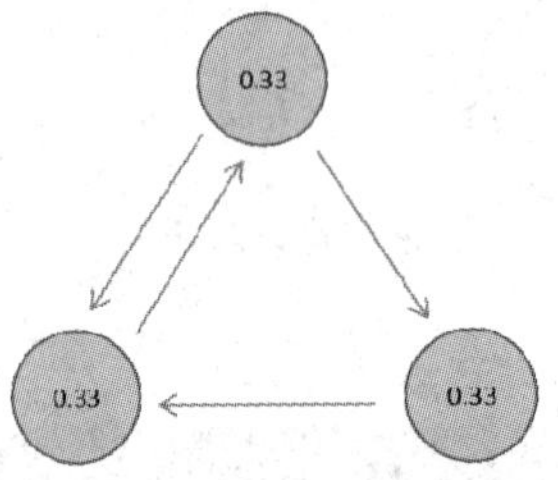

步骤 1：结点权重 = 1/$n$($n$ 为结点总数)

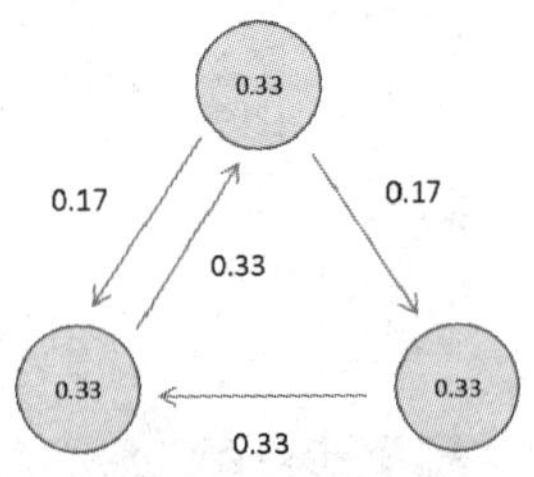

步骤 2：边权重 = 结点权重/结点出度

迭代 1

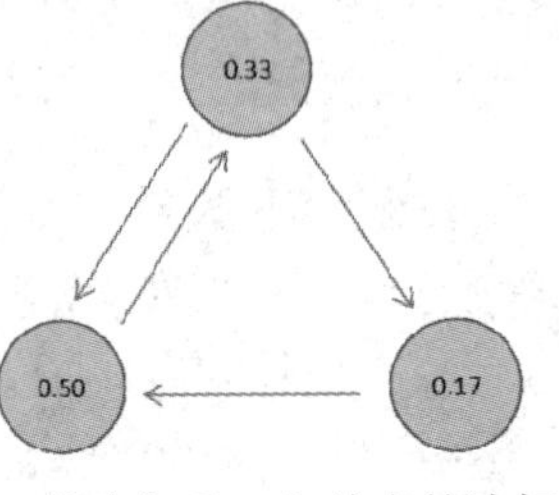

步骤 1：结点权重 = 入结点的边权值和

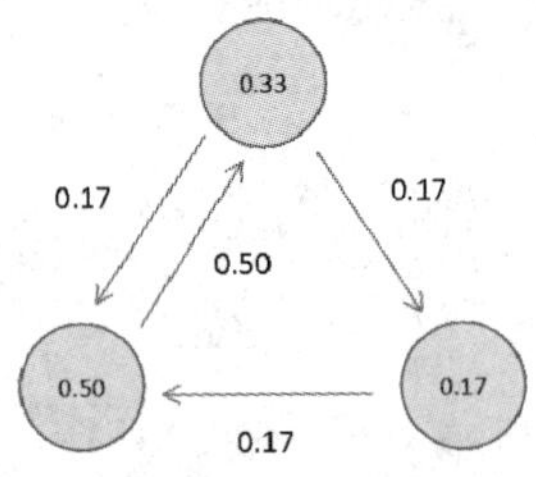

步骤 2：边权重 = 结点权重/结点出度

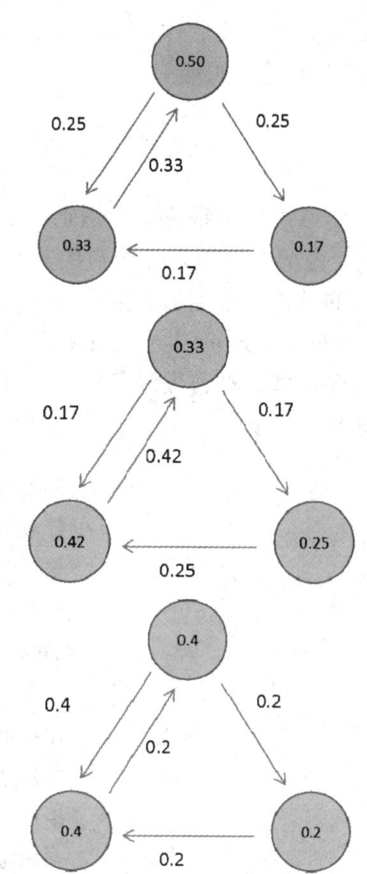


图 9-5　PageRank 算法迭代计算过程

在图 9-6 所示的计算过程中，并没有考虑阻尼系数，从这个计算过程中会发现一个问题：如果一个结点(或者一组结点)，只有边进入，却没有边出去，会怎么样呢？按照图 9-5 的迭代，结点会不断抢占 PageRank 分数，这个现象被称为 Rank Sink，如图 9-6 所示。

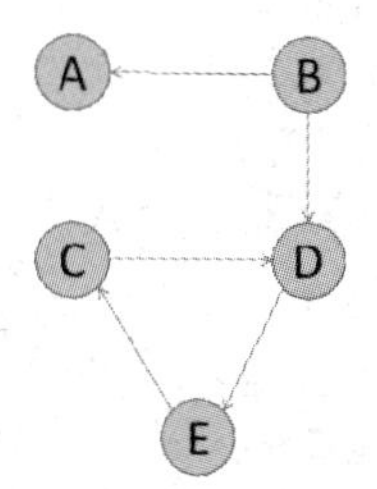


图 9-6　Rank Sink 现象

解决 Rank Sink 现象的方法有两个：第一个，假设这些结点有隐形的边连向了所有的结点，遍历这些隐性的边的过程称为隐性传输(Teleportation)；第二个，使用阻尼系数，如果设置 $d$ 等于 0.85，仍然有 0.15 的概率从这些结点再跳跃出去。

虽然阻尼系数的建议值为 0.85，但是可以根据实际需要进行修改。调低阻尼系数，意味着访问网页时，更不可能不断点击链接访问下去，而是更多地随机访问别的网页，这时，一个网页的 PageRank 分数会更多地分给他的直接下游网页，而不是下游的网页。

PageRank 算法已经不仅限于网页排名。还有其他的使用场景，寻找最重要的基因，所要寻找的基因可能不是与生物功能联系最多的基因，而是与最重要功能有紧密联系的基因。谁应该关注推特(Twitter)服务，Twitter 使用个性化的 PageRank 算法(Personalized PageRank, PPR)向用户推荐他们可能希望关注的其他帐户。该算法通过兴趣和其他的关系连接，为用户展示感兴趣的其他用户。交通流量预测，使用 PageRank 算法计算人们在每条街道上停车或结束行程的可能性。反欺诈，医疗或者保险行业存在异常或者欺诈行为，PageRank 可以作为后续机器学习算法的输入。

### 9.2.2 社群发现算法

社群的形成在各种类型的网络中都很常见，识别社群对于评估群体行为或突发事件至关重要。对于一个社群来说，内部结点与内部结点的关系(边)比社群外部结点的关系更多，识别这些社群可以揭示结点的分群，找到孤立的社群，发现整体网络结构关系。社群发现算法(Community Detection Algorithms)有助于发现社群中群体行为或者偏好，寻找嵌套关系，或者成为其他分析的前序步骤。社群发现算法也常用于网络可视化。

社群发现算法分类如图 9-7 所示。

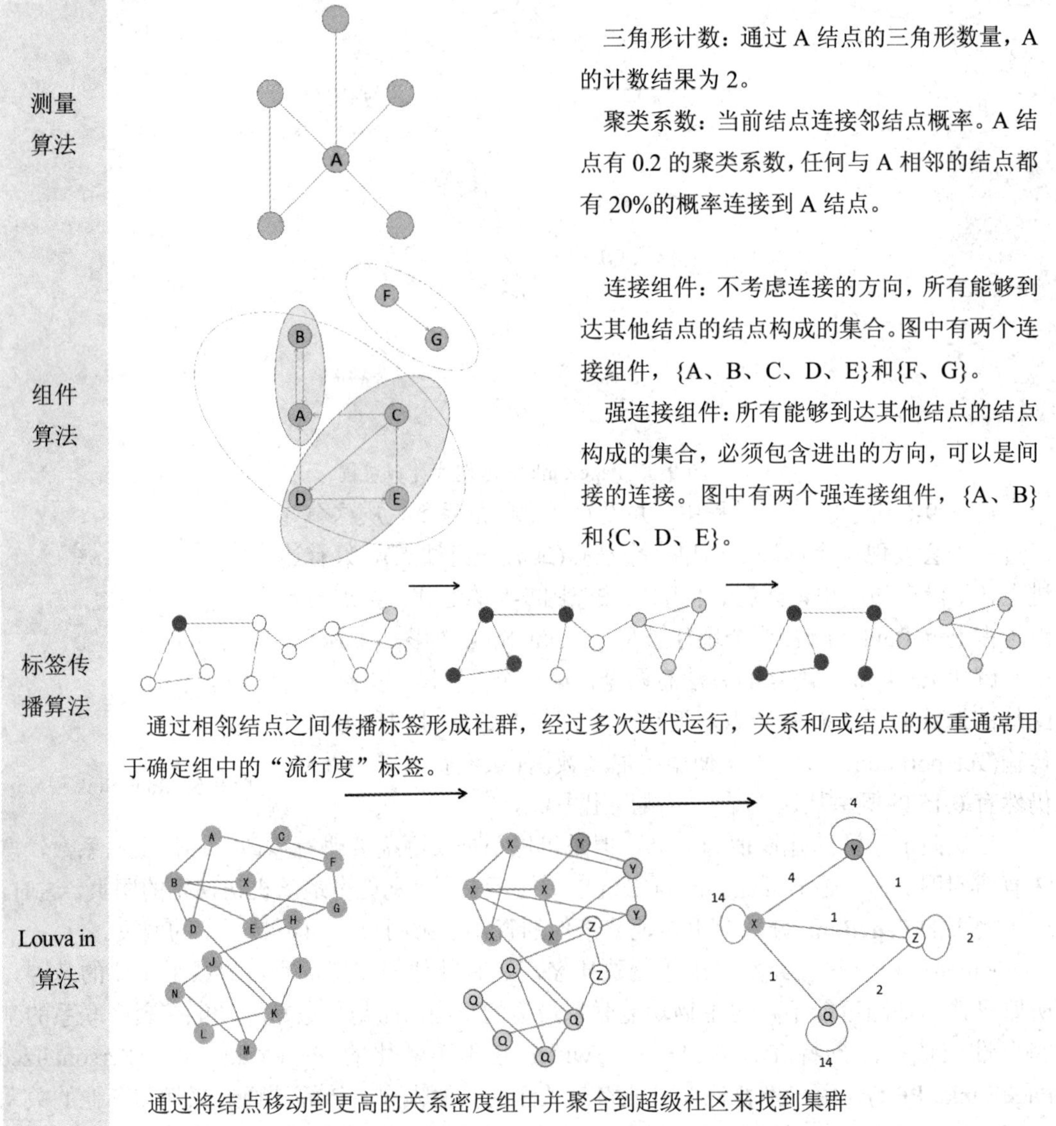

测量算法

三角形计数：通过 A 结点的三角形数量，A 的计数结果为 2。

聚类系数：当前结点连接邻结点概率。A 结点有 0.2 的聚类系数，任何与 A 相邻的结点都有 20%的概率连接到 A 结点。

组件算法

连接组件：不考虑连接的方向，所有能够到达其他结点的结点构成的集合。图中有两个连接组件，{A、B、C、D、E}和{F、G}。

强连接组件：所有能够到达其他结点的结点构成的集合，必须包含进出的方向，可以是间接的连接。图中有两个强连接组件，{A、B}和{C、D、E}。

标签传播算法

通过相邻结点之间传播标签形成社群，经过多次迭代运行，关系和/或结点的权重通常用于确定组中的“流行度”标签。

Louva in 算法

通过将结点移动到更高的关系密度组中并聚合到超级社区来找到集群

图 9-7 社群发现算法的分类

标签传播算法(Label Propagation Algorithm, LPA)是一个在图中快速发现社群的算法。在 LPA 算法中，结点的标签完全由它的直接邻居决定。LPA 算法非常适合于半监督学习，你可以使用已有标签的结点来种子化传播进程。

LPA 是一个较新的算法，由 Raghavan 等于 2007 年提出。LPA 算法的传播过程：当标签在紧密联系的区域，传播非常快，但到了稀疏连接的区域，传播速度就会下降。当出现一个结点属于多个社群时，算法会使用该结点邻居的标签与权重，决定最终的标签。传播结束后，拥有同样标签的结点被视为在同一群组中。

图 9-8 展示了算法的两个变种：PUSH 和 PULL，其中 PULL 算法更为典型，并且可以很好地实现并行计算。

标签传播算法(PUSH)

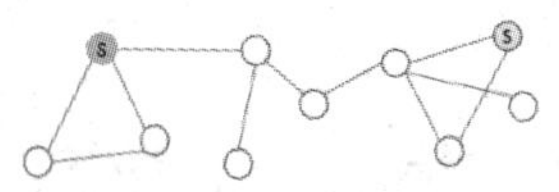

初始化种子标签

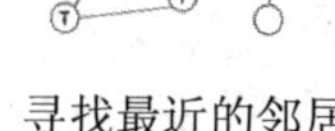

寻找最近的邻居打上种子标签

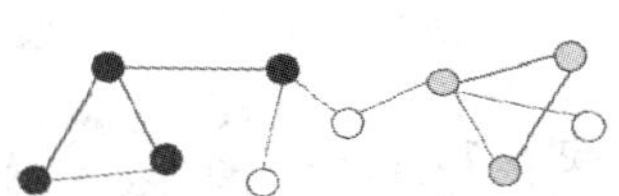

在没有冲突的地方，标签会扩散

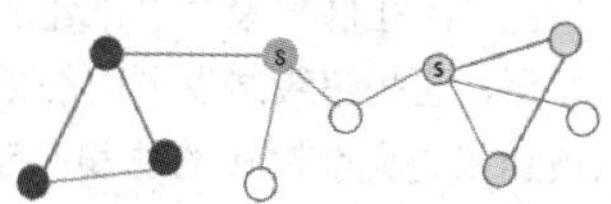

最近标记的结点现在像新种子一样激活标签

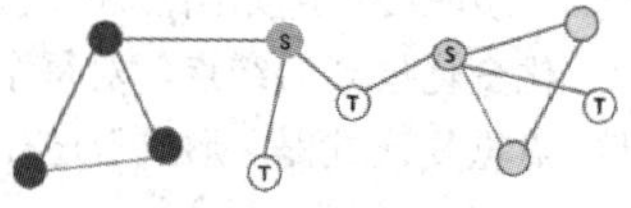

基于这种关系权重的集合度量来解决冲突

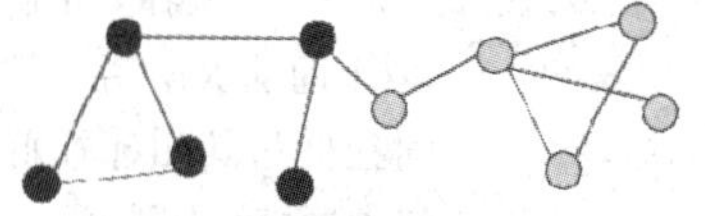

该过程将继续，直到所有结点都被更新 2 个集群

标签传播算法(PULL)

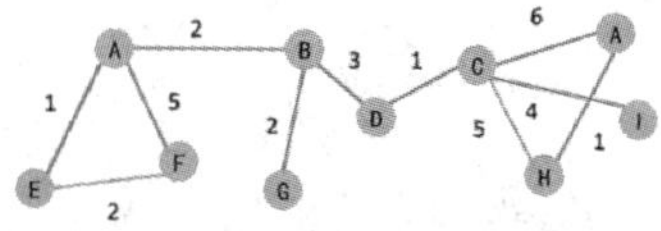

两个初始结点 A，其余结点都是唯一的，结点权重初始为 1，在本例子中忽略不计

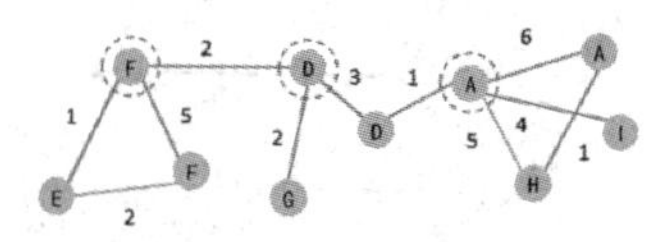

按照处理顺序对结点进行洗牌，每个结点都考虑其直接邻居（高光显示的），结点按照最高权重打上标签

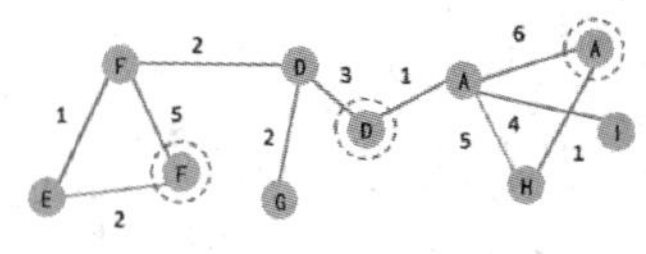

三个结点没有改变标签，因为最高权重的边连接的结点有相同的标记

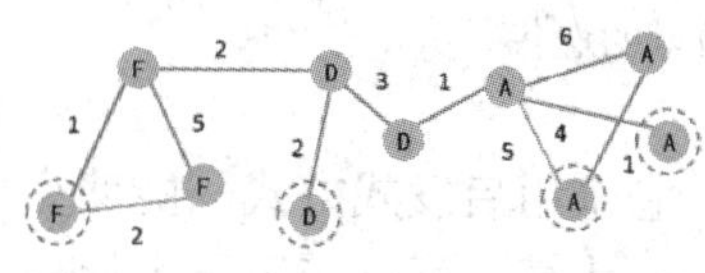

重复整个过程直到所有的结点都打上了标签

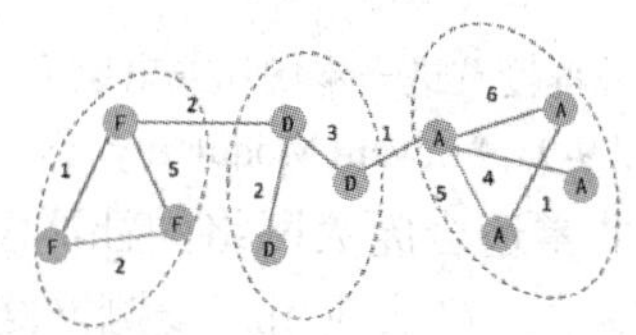

相同标签的结点划分为一个簇，总共划分为 3 个簇

图 9-8　LPA 算法的分类

图 9-8 显示了算法的过程，标签传播算法其实是图像分割算法的变种，PUSH 算法是区域生长法(Region Growing)的简化版，而 PULL 更像是分割和合并(Divide-and-Merge，也称 Split-Merge)算法，确实，图像(Image)的像素和图(Graph)的结点十分类似。Louvain Modularity 算法在给结点分配社群时，会比较社群的密度，而且不仅仅是比较结点与社群的紧密程度。算法通过查看一个结点与社群内关系的密度与平均关系密度，来量化地决定

该结点是否属于社群。算法不但可以发现社群，还可以给出不同尺度、不同规模的社群层次，对于理解不同粒度界别的网络结构有极大的帮助。

Louvain Modularity 算法在 2008 年被提出以后，迅速成为了最快的模块化算法之一。算法的细节很多，图 9-9 只给出了一个粗略的步骤，以帮助理解算法如何能够多尺度地构建社群。

过程 1

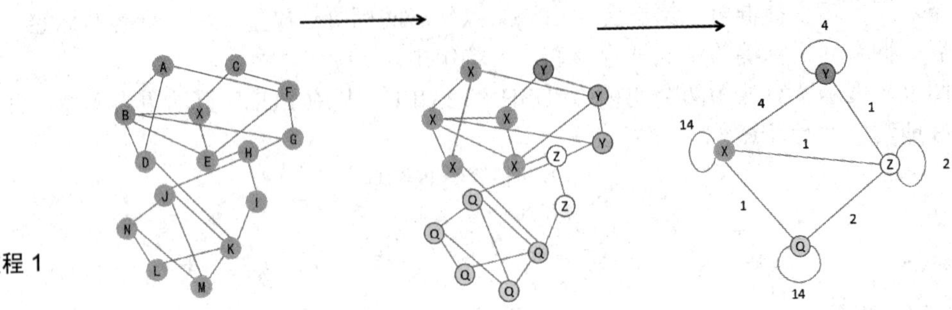


步骤 1：选择一个起始结点(上面的 X)，并计算将不同社群与其相邻社群连接起来的模块化选项

步骤 2：起始结点加入模块化变化最高的结点，对每个结点重复该过程，形成上述社群

步骤 3：社群被聚合以创建超级社群，这些超级结点之间的关系被加权为先前链接的总和。(自循环表示现在隐藏在超级结点中的两个方向上的先前关系)

过程 2

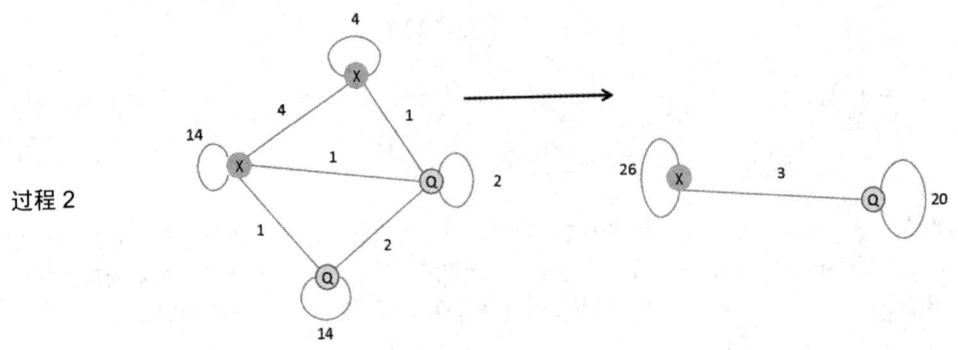


重复上述步骤，直到社群没有进一步增加或出现了一定数量的迭代

图 9-9 Louvain Modularity 算法步骤

Louvain Modularity 算法非常适合庞大网络的社群发现，它采用启发式方式，能够克服传统 Modularity 类算法的局限。算法应用：检测网络攻击，其算法可以应用于大规模网络安全领域中的快速社群发现，这些社群一旦被发现，就可以用来预防网络攻击；主题建模，从 Twitter 和 YouTube 等在线社交平台中提取主题，基于文档中共同出现的术语，作为主题建模过程的一部分。

## 9.3 信息匹配

文本信息可以说是迄今为止最主要的一种信息交换手段，而信息匹配是文本处理中的一个重要领域。信息匹配是指从文本中找出给定字符串(称为模式)的一个或所有出现的位置，又称为字符串匹配。

根据先给出模式还是先给出文本，字符串匹配分为两类方法：

(1) 第一类方法基于自动机或者字符串的组合特点，其实现上通常是对模式进行预处理；

(2) 第二类方法对文本建立索引，是目前搜索引擎采用的方法。

本文仅讨论第一类方法。

匹配算法都是基于这样一种方式来进行的：一个长度为 $m$ 的窗口，首先将窗口的左端和文本的左端对齐，把窗口中的字符与模式字符进行比较，这称为一趟比较，如果完全匹配或者出现失配时，将窗口向右移动。重复这个过程，直到窗口的右端到达了文本的右端。这种方法通常称为滑动窗口(Sliding Window)。

对于穷举法来说，找到所有匹配位置需要的时间为 $O(mn)$。基于对穷举法的改进，按照比较顺序，把信息匹配算法分为以下四种：

(1) 从左到右：最自然的方式，也是人们的阅读顺序。

采用哈希函数，可以很容易地在大部分情况下避免二次比较。通过合理的假设，算法的时间复杂度是线性的。它最先由 Harrison 提出，而后由 Karp 和 Rabin 全面分析，称为 KR 算法。

在假设模式长度不大于机器字长的前提下，Shift-Or 算法是很高效的匹配算法，同时也可以很容易扩展到模糊匹配上。

MP(Matching Pursuits)算法是第一个线性时间算法，随后被改进为 KMP，其匹配方式类似于自动机的识别过程，文本的每个字符与模式的每个字符比较不会超过 $\log\Phi(m+1)$。这里 $\Phi$ 是黄金分隔比 1.618。随后发现的类似算法——Simon 算法，使得文本的每个字符比较不超过 $1+\log2m$。这三种算法在最坏情况下都只要 $2n-1$ 次比较。

基于确定性有限自动机的算法对文本字符只用 $n$ 次访问，但是它需要额外的 $O(m\sigma)$的空间。

一种叫 Forward Dawg Matching 的算法同样也只用 $n$ 次访问，它使用了模式的后缀自动机。

Apostolico-Crochemore 算法是一种简单算法，最坏情况下也只需要 $3n/2$ 次比较。

还有一种不那么幼稚(Not So Naive)算法，最坏情况下需要 $n^2$ 次比较，但是预处理过程的时间和空间均为常数，因此在平均情况下的性能非常接近线性。

(2) 从右到左：通常在实践中能产生最好的算法。

BM 算法被认为是通常应用中最有效率的算法，其简化版本常用于文本编辑器中的搜索和替换功能。对于非周期性的模式而言，$3n$ 是 MP 算法比较次数的上界；对于周期性模式，最坏情况下需要 $n^2$ 比较。

BM 算法的一些变种避免了原算法的二次方问题，比较高效的有 Apostolico and Giancarlo 算法、Turbo BM 算法和 Reverse Colussi 算法。

实验结果表明，Quick Search 算法(BM 算法的一个变种)以及基于后缀自动机的 Reverse Factor 算法和 Turbo Reverse Factor 算法是实践中最有效的算法。Zhu and Takaoka 算法和 BR 算法也是 BM 算法的变种，它们则需要 $O(\sigma^2)$的额外空间。

(3) 特殊顺序：可以达到理论上的极限。

最先达到空间线性最优的是 Galil-Seiferas 算法和 Two Way 算法，它们把模式分为两部分，先从左到右搜索右边的部分，如果没有失配，再搜索左边的部分。

Colussi 算法和 Galil-Giancarlo 算法将模式位置分为两个子集，先从左至右搜索第一个子集，如果没有失配，再搜索剩下的子集。Colussi 算法作为 KMP 算法的改进，最坏情况下只需要 $3n/2$ 次比较，而 Galil-Giancarlo 算法则通过改进 Colussi 算法的一个特殊情况，将最坏比较次数减少到了 $4n/3$。

最佳失配算法和 M 最大位移算法分别根据模式的字符频率和首字位移，对模式位置进行排序。

Skip Search、KMP Skip Search 和 Alpha Skip Search 算法运用“桶”的方法来决定模式的起始位置。

(4) 任意顺序：这些算法与比较顺序没关系。

Horspool 算法也是 BM 算法的一个变种，它使用一种移位函数，与字符比较顺序不相干。还有其他的变种如 Quick Search 算法、Tuned Boyer-Moore 算法、Smith 算法、Raita 算法。

### 9.3.1 穷举法

穷举法又叫暴力法(Brute Force, BF)，其特点是不用预处理，只需常数额外空间；每次把窗口向右移动 1；可以以任意顺序比较。搜索时间复杂度 $O(mn)$，字符比较期望次数为 $2n$。

穷举法用于字符串匹配，简单的描述：检查文本从 0 到 $n-m$ 的每一个位置，查看从这个位置开始是否与模式匹配。这种方法具有不需要预处理过程，需要的额外空间为常数，每一趟比较时可以以任意顺序进行等优点。

尽管 BF 法的时间复杂度为 $O(mn)$，但是算法的期望值却是 $2n$，表明该算法在实际应用中效率较高。

其实现代码如下：

```
int BF(char* x, int m, char* y, int n)
{
    if(x == '\0' || y == '\0')
        return -1;
    int x_len = strlen(x);
    int y_len = strlen(y);
    if(y_len < x_len)
        return -1;
    int i, j;
    // 搜索
    {
        for (j = 0; j <=n-m; ++j)
        {
            for(i = 0; i < m && x[i] == y[i + j]; ++i);
            if(i >= m)
                OUTPUT(j);
        }
}
```

## 9.3.2 自动机

自动机的方法与穷举法有点相似，都是采用最简单直白的方式，区别在于穷举法是在计算，而自动机则是查表，自动机的构造过程涉及 DFA(Determinstic Finite Automaton)的理论。

简单来说，根据模式串，画好一张大的表格，表格 $m+1$ 行 $\sigma$ 列，$\sigma$ 表示字母表的大小。表格每一行表示一种状态，状态数比模式长度多 1。初始状态是 0，也就是处在表格的第 0 行，这一行的每个元素指示了当遇到某字符时就跳转到另一个状态，每当跳转到最终状态时，表示找到了一个匹配。

先定义状态的概念：状态代表当前已经匹配的字符个数。状态转移代表在当前状态下，输入一个字符使当前状态发生变化。

状态转移函数，就是将在当前状态输入下一个字符，与输入该字符后的状态建立一个映射的关系。实现过程如下：

(1) 定义 $a$ 为即将输入的字符；

(2) 定义 $p$ 为已经匹配的个数(即状态)(初始值为 0)；

(3) 则 $p=\sigma(p, a)$；

(4) 当状态转移到 $p$ = strlen(模式 $P$)时，成功完成一个匹配。

自动机算法步骤如图 9-10 所示。

模式P：A B A B A C A

待匹配文本：A B A B A B A B A C A B A

状态转移函数

| σ | A | B | C | |
|---|---|---|---|---|
| 0 | 1 | 0 | 0 | A |
| 1 | 1 | 2 | 0 | B |
| 2 | 3 | 0 | 0 | A |
| 3 | 1 | 4 | 0 | B |
| 4 | 5 | 0 | 0 | A |
| 5 | 1 | 4 | 6 | C |
| 6 | 7 | 0 | 0 | A |
| 7 | 1 | 2 | 0 | |

| | | | | | | | | | | | | | | |
|---|---|---|---|---|---|---|---|---|---|---|---|---|---|---|
| 待匹配文本： | | A | B | A | B | A | B | A | B | A | C | A | B | A |
| 输入待匹配文本后的状态： | 0 | 1 | 2 | 3 | 4 | 5 | 4 | 5 | 4 | 5 | 6 | 7 | 2 | 3 |

图 9-10 自动机算法步骤

状态转移函数：定义 $P(n)$表示模式 $P$ 的前 $n$ 个字符组成的串，$P(n)a$ 表示模式 $P$ 的前 $n$ 个字符和字符 $a$ 组成的串，那么 $\sigma(p, a)$就等于 $P$ 的前缀是 $P(p)a$ 的后缀的最大长度。具体实现代码如下：

```
#define ASIZE 256 int preAut(const char* x, int m, int* aut)
{
```

```
        int i, state, target, old;
        for (state = 0, i = 0; i < m; ++i)
        {
            target = i + 1;
            old = aut[state* ASIZE + x[i]];
            aut[state* ASIZE + x[i]] = target;
            memcpy(aut + target* ASIZE, aut + old* ASIZE, ASIZE* sizeof(int));
            state = target;
        }
        return state;
    }
    void AUT(const char* x, int m, const char* y, int n)
    {
        int j, state; /* Preprocessing*/
        int *aut = (int*)calloc((m+1)*ASIZE, sizeof(int));
        int Terminal = preAut(x, m, aut); /* Searching*/
        for (state = 0, j = 0; j < n; ++j)
        {
            state = aut[state* ASIZE+y[j]];
            if (state == Terminal)
                OUTPUT(j - m + 1);
        }
    }
```

从以上实现代码可以看出，自动机的构造需要时间复杂度是 $O(m\sigma)$，空间复杂度也是 $O(m\sigma)$(严格来说这份代码使用了 $O((m+1)\sigma)$)，但是一旦自动机构造完毕，匹配的时间复杂度则是 $O(n)$。

## 9.4 本章小结

目前在大数据应用的背景下，每天会产生大量的数据，这对算法提出了新的挑战，例如需要实现在线数据的实时处理，能够处理复杂关系的网络结构数据，同时兼顾算法的性能与精准性。在传统的数据处理流程中，总是先收集数据，然后将数据放到数据库中，需要时通过数据库对数据进行查询，得到答案或进行相关的处理。这虽然非常合理，但是结果却非常的紧凑，尤其是在一些实时搜索应用环境中对某些具体问题并不能得到很好的解决。流算法可以很好地对大规模流动数据在不断变化的运动过程中实时进行分析，捕捉到可能有用的信息，并把结果发送到下一计算结点。

图被广泛应用于连接数据的网络结构表示。图数据可以在社交系统、生态系统、生物网络、知识图谱、信息系统等应用领域中广泛获取。图算法直接将图数据转化为图学习架构的输出，而无需将图映射到低维空间。由于深度学习技术可以将图数据编码并表示成向量，因此大多数图算法都是基于深度学习技术或从深度学习技术中概括出来的。图算法的输出向量是在连续空间中，其目标是提取图的理想特征，因此，图的表示可以很容易地被下游任务使用，如结点分类和链接预测，而无需明确嵌入过程。可以说，图算法是一种更强大和有意义的图分析技术。

本章的知识点参见图9-11。

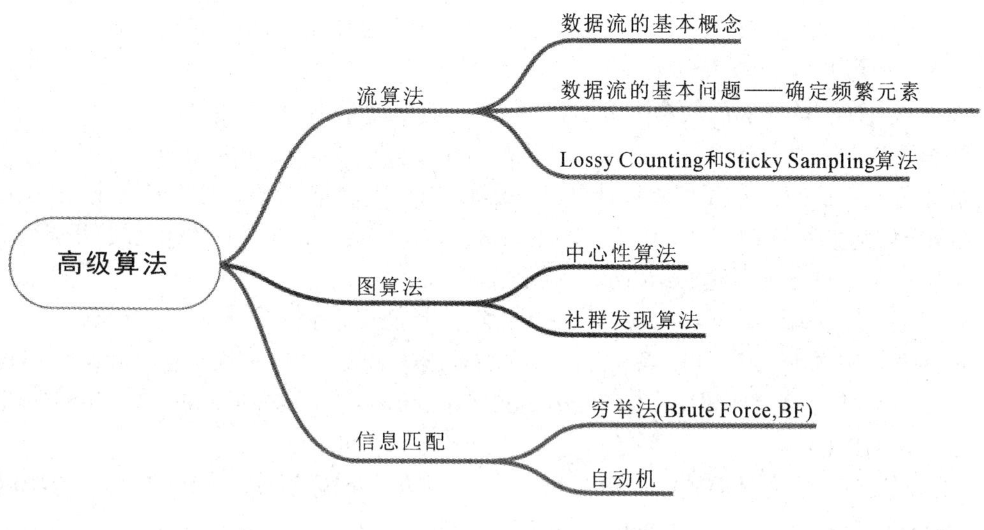


图9-11 高级算法知识点

# 参 考 文 献

[1] 李春葆. 数据结构教程[M]. 北京：清华大学出版社，2013.

[2] GEORGE T H, GARY P, STANLEY S. 算法技术手册[M]. 杨晨，李明，译. 北京：机械工业出版社，2010.

[3] 刘汝佳. 算法竞赛入门经典[M]. 2 版. 北京：清华大学出版社，2014.

[4] 罗勇军，郭卫斌. 算法竞赛：入门到进阶[M]. 北京：清华大学出版社，2019.

[5] 俞经善，鞠成东. ACM 程序设计竞赛基础教程[M]. 北京：清华大学出版社，2010.

[6] CORMEN T H，LEISERSON C E，RIVEST R L，et al. 算法导论[M]. 殷建平，徐云，王刚，等，译. 3 版. 北京：机械工业出版社，2012.

[7] 陈卫卫，王庆瑞. 数据结构与算法[M]. 2 版. 北京：高等教育出版社，2015.

[8] 王元元，宋丽华，王兆丽，等. 离散数学教程[M]. 2 版. 北京：高等教育出版社，2019.

[9] 林夕. ACM 计算几何篇[EB/OL].[2018-08-19]. https://blog.csdn.net/linxilinxilinxi/article/details/81810944.

[10] Sirm23333. 通俗易懂的字符串匹配 KMP 算法及求 next 值算法[EB/OL]. [2018-10-06]. https://blog.csdn.net/qq_37969433/article/details/82947411.

[11] VL——MOESR. 计算几何基础知识总结[EB/OL]. [2022-01-23]. https://blog.csdn.net/liuziha/article/details/122655505.